Imen Saidi

Modélisation multidisciplinaire d'un système de motorisation linéaire

Imen Saidi

Modélisation multidisciplinaire d'un système de motorisation linéaire

Application au cas d'un pousse-seringue

Presses Académiques Francophones

Impressum / Mentions légales
Bibliografische Information der Deutschen Nationalbibliothek: Die Deutsche Nationalbibliothek verzeichnet diese Publikation in der Deutschen Nationalbibliografie; detaillierte bibliografische Daten sind im Internet über http://dnb.d-nb.de abrufbar.
Alle in diesem Buch genannten Marken und Produktnamen unterliegen warenzeichen-, marken- oder patentrechtlichem Schutz bzw. sind Warenzeichen oder eingetragene Warenzeichen der jeweiligen Inhaber. Die Wiedergabe von Marken, Produktnamen, Gebrauchsnamen, Handelsnamen, Warenbezeichnungen u.s.w. in diesem Werk berechtigt auch ohne besondere Kennzeichnung nicht zu der Annahme, dass solche Namen im Sinne der Warenzeichen- und Markenschutzgesetzgebung als frei zu betrachten wären und daher von jedermann benutzt werden dürften.

Information bibliographique publiée par la Deutsche Nationalbibliothek: La Deutsche Nationalbibliothek inscrit cette publication à la Deutsche Nationalbibliografie; des données bibliographiques détaillées sont disponibles sur internet à l'adresse http://dnb.d-nb.de.
Toutes marques et noms de produits mentionnés dans ce livre demeurent sous la protection des marques, des marques déposées et des brevets, et sont des marques ou des marques déposées de leurs détenteurs respectifs. L'utilisation des marques, noms de produits, noms communs, noms commerciaux, descriptions de produits, etc, même sans qu'ils soient mentionnés de façon particulière dans ce livre ne signifie en aucune façon que ces noms peuvent être utilisés sans restriction à l'égard de la législation pour la protection des marques et des marques déposées et pourraient donc être utilisés par quiconque.

Coverbild / Photo de couverture: www.ingimage.com

Verlag / Editeur:
Presses Académiques Francophones
ist ein Imprint der / est une marque déposée de
AV Akademikerverlag GmbH & Co. KG
Heinrich-Böcking-Str. 6-8, 66121 Saarbrücken, Deutschland / Allemagne
Email: info@presses-academiques.com

Herstellung: siehe letzte Seite /
Impression: voir la dernière page
ISBN: 978-3-8381-8923-9

UNIVERSITÉ DE TUNIS EL MANAR

المدرسة الوطنية للمهندسين بتونس

école nationale d'ingénieurs de Tunis

THÈSE

présentée à

L'ÉCOLE NATIONALE D'INGÉNIEURS DE TUNIS

pour l'obtention du grade de

DOCTEUR EN GÉNIE ÉLECTRIQUE

par

Imen SAIDI

Ingénieur ENIT en Génie Électrique

Sur la modélisation multidisciplinaire

d'un système de motorisation linéaire.

Application au cas d'un pousse-seringue

soutenue le jeudi 10 Février 2011 devant le Jury d'Examen composé de :

MM.	N. ELLOUZE	Professeur, ENI de Tunis	: Président
	N. BENHADJ BRAÏEK	Professeur, ESST de Tunis	: Rapporteur
	P. BROCHET	Professeur, EC de Lille	: Rapporteur
	M. BENREJEB	Professeur, ENI de Tunis	: Examinateur
Mme	L. EL AMRAOUI OUNI	Maître de Conférences, ESTI de Tunis	: Directrice de Thèse

Thèse préparée à l'Unité de Recherche LARA Automatique de l'École Nationale d'Ingénieurs de Tunis

A mes parents, témoignage de reconnaissance et d'affection,

A mes sœurs, qui ont toujours cru en moi,

A mon petit bien aimé, Mohamed Rayen que Dieu le protège et lui réserve longue vie pleine de joie et de réussite,

A tous ceux que j'aime ...

Avant propos

Les travaux de recherches présentés dans ce mémoire ont été réalisés au sein de l'Unité de Recherche LARA Automatique de l'Ecole Nationale d'Ingénieurs de Tunis sous la direction de Madame Lilia EL AMRAOUI OUNI.

Remerciements

Trois ans et quatre mois se sont déroulés depuis le début de ce travail et au moment de dire merci, les mots ne sortent plus et sont remplacés par des larmes... de joie, de soulagement, mais aussi de gratitude. Je profite alors de ces quelques lignes pour remercier tous ceux qui ont participé de près ou de loin à cette thèse.

Je suis particulièrement sensible au grand honneur que Monsieur Noureddine ELLOUZE, Professeur à l'Ecole Nationale d'Ingénieurs de Tunis et Directeur de l'Unité de Recherche de Traitement du Signal, de Traitement d'Images et Reconnaissance de Formes, pour avoir accepté de présider mon Jury de thèse. Je tiens à ce qu'il reçoive ici le témoignage de ma très respectueuse et très vive reconnaissance ainsi que l'expression de mon profond respect.

C'est un agréable plaisir d'exprimer ma profonde gratitude à Monsieur Mohamed BENREJEB, Professeur à l'Ecole Nationale d'Ingénieurs de Tunis et Directeur de l'Unité de Recherche LARA Automatique, pour m'avoir accueilli au sein de son équipe. Il a apporté un soutien et une disponibilité sans failles tout au long de mes travaux de recherche. Son engagement à mes cotés fut remarquable. Qu'il trouve ici le témoignage de ma très profonde gratitude et notre grande estime.

J'adresse également ma profonde reconnaissance à Monsieur Pascal BROCHET, Professeur à l'Ecole Centrale de Lille et Responsable de l'Equipe Conception Optimisation et Modélisation du L2EP, pour avoir accepté d'évaluer mes travaux de thèse malgré ses lourdes charges. Je lui exprime mes vifs remerciements.

Je tiens à exprimer ma vivre reconnaissance à Monsieur Naceur BENHADJ BRAÏEK, Professeur à l'Ecole Supérieure des Sciences et Techniques de Tunis et Directeur du Laboratoire d'Etude et Commande Automatique de Processus de l'Ecole Polytechnique de Tunisie, d'avoir accepté de rapporter mon travail. Je lui adresse mes sincères remerciements.

Je tiens à remercier vivement Monsieur Moncef GASMI, Professeur à l'Institut National des Sciences Appliquées er de Technologie et Directeur de l'Unité de Recherche en Automatique et Informatique Industrielle, qui a accepté de participer en tant qu'examinateur de ce Jury. Qu'il soit grandement remercié.

Mes vifs remerciements s'adressent à Madame Lilia EL AMRAOUI OUNI, Maître de Conférences, à l'Ecole Supérieure de Technologie et d'Informatique, pour la confiance qu'elle m'a accordée en acceptant d'encadrer mes travaux de thèse. Ces conseils pertinents, ses discussions intéressantes et son aide précieuse ont contribué à l'évolution des résultats de recherche axés par un sujet original qu'elle m'a proposé. Qu'elle trouve ici le témoignage de ma très profonde gratitude et ma grande estime.

Je profite également de ces lignes pour remercier Monsieur Wadhah MISSAOUI, qui m'apporté son aide précieuse en matière Elément Finis.

Je tiens aussi à saluer les chercheurs LARA, avec lesquels j'ai passé ces années. Je n'oublierai pas les atmosphères de sérieux et de détente mêlés qu'ils ont su entretenir, créant ainsi d'excellentes conditions de recherche.

Encore merci à vous tous....

TABLE DES MATIERES

TABLE DES MATIERES

TABLE DES FIGURES

LISTE DES TABLEAUX

INTRODUCTION GENERALE

INTRODUCTION GENERALE

Les actionneurs incrémentaux transforment des impulsions de commande en un déplacement linéaire incrémental de sa partie mobile ou en une rotation de son induit. Ils sont caractérisés par une simplicité d'utilisation, une précision de positionnement en boucle ouverte [Kant 89], [Nollet 06]. Diverses applications utilisent les actionneurs incrémentaux en particulier dans les secteurs de la robotique (servomécanisme), micro-informatique (lecteurs de disquettes, disque dur), spatial et militaire, dans les imprimantes et les tables traçantes et récemment le domaine médical [Allano 90], [Nicoud 95], [Jufer 95], dont la motorisation d'un pousse seringue électrique en particulier [Saadaoui 07].

Un pousse-seringue électrique à usage médical est utilisé lorsque le patient est incapable d'avaler des préparations orales, lorsqu'il est soumis à des traitements sur une longue durée nécessitant des perfusions à débit constant et à rythme précis ou lorsqu'il a un problème d'absorption gastro-intestinale. Les pousse-seringues électriques sont généralement motorisés autour des actionneurs incrémentaux, pouvant être rotatifs ou linéaires; leur principe de fonctionnement est basé sur le déplacement incrémental rectiligne de l'actionneur faisant progresser régulièrement le piston de la seringue [Berney 97]; l'utilisation d'un actionneur rotatif nécessite l'utilisation des organes de transformation de mouvement, alors que, l'utilisation d'un actionneur linéaire peut être effectuée par un simple couplage au piston de la seringue.

Ainsi, l'idée est de concevoir un actionneur incrémental linéaire afin de remplacer les systèmes composés d'un actionneur rotatif et d'une transmission relative à la transformation d'un mouvement de rotation en un mouvement de translation. L'utilisation d'entraînements directs avec des actionneurs linéaires ne peut qu'améliorer les performances du système puisque les limitations mécaniques sont supprimées.

Les actionneurs linéaires incrémentaux sont caractérisés soit par une topologie à aimant permanent, soit à réluctance variable ou hybride. Celles-ci offrent une multitude de possibilités pour effectuer un mouvement linéaire. Afin de sélectionner l'actionneur le plus approprié l'élaboration d'une méthodologie de dimensionnement tenant compte simultanément des phénomènes physiques en présence au sein d'un actionneur constituant un modèle multidisciplinaire de dimensionnement s'avère nécessaire.

Les travaux envisagés ont aussi pour but, d'une part, de concevoir un actionneur tubulaire linéaire incrémental dédié à la motorisation d'un pousse-seringue à usage médical, et d'autre part, de développer un modèle multidisciplinaire analytique de l'actionneur, qui a à répondre aux certains critères dans son utilisation relatifs à la rapidité d'exécution, à la précision de calcul et à la malléabilité.

Nous envisageons ainsi l'élaboration d'un modèle multidisciplinaire composé de plusieurs modèles interagissant entre eux, représentant chacun un phénomène physique particulier. Parmi les cinq modèles : nous distinguons le modèle magnétique à la base du fonctionnement de l'actionneur, couplé fortement à un modèle thermique permettant de caractériser l'échauffement de l'actionneur. À ceux-ci, viennent s'ajouter un modèle mécanique et un modèle de charge, ainsi qu'un modèle électrique. Le couplage de ces modèles représentant le comportement dynamique du système actionneur-seringue caractérisé par un mouvement linéaire présentant des oscillations peuvent être gênantes compte terme qu'elles peuvent allonger le temps de réponse du système, ou être à l'origine de dépassements et même d'un fonctionnement erratique. Ces problèmes se trouvent accentués dans le cas de fluctuations de la charge de l'actionneur considéré.

Pour l'amélioration des performances dynamiques du système actionneur-seringue dont l'atténuation des oscillations sont envisagés, divers moyens : soit par une action mécanique, soit par une action électrique ou une action sur la commande [Mayé 00], [Grellet 97], [El Amraoui 02 c]. Les solutions mécaniques, consistant à augmenter des frottements, conduisent à un surdimensionnement de l'actionneur et à un accroissement des pertes, et ne peuvent donc pas être employées pour les actionneurs à grande vitesse, les pertes pouvant devenir énorme [Grellet 97], [Mayé 00]. Les solutions électriques, consistant à augmenter les pertes ferromagnétiques en n'utilisant pas de matériaux feuilletés ou en le nuisant de spires en court circuit, entrainent une augmentation de la masse du cuivre [Mayé 00]. Par ailleurs, les solutions relatives à une action sur la commande peuvent être considérées soit en boucle ouverte soit en boucle fermée. La commande en boucle ouverte permettant de supprimer les oscillations, ne requiert pas l'utilisation de capteurs de position. En plus qu'ils soient généralement sensibles à la température, ces derniers sont encombrants et coûteux dans le cas d'une commande en boucle fermée [Ben Saad 05], [Bendjedia 07], [Alin 03].

Ce mémoire est composé de trois chapitres.

Le premier chapitre est consacré à la présentation des différents systèmes constituant le pousse-seringue électrique. Après avoir distinguées, les différentes structures des actionneurs incrémentaux de motorisation, les systèmes de transformation de mouvement, et les différents types des médicaments perfusés, nous nous sommes intéressées à la sélection de la structure la mieux adaptée à l'application considérée, au choix du matériaux magnétique, à la démarche de dimensionnement en tenant compte des phénomènes physiques couplés et à la technique de commande de l'actionneur pour améliorer ses performances statiques et dynamiques.

Le deuxième chapitre s'intéresse à la conception de l'actionneur linéaire tubulaire incrémental et la détermination de ses paramètres géométriques. Un réseau de réluctances amélioré est élaboré pour le dimensionnement de l'actionneur tenant compte de la saturation magnétique du matériau et de l'effet de bords. Une étude numérique par la méthode des éléments finis est ensuite envisagée pour valider les paramètres géométriques obtenus par simulation sous Opera-2d. Nous, nous sommes enfin proposons de remédier au problème de l'effet de bords par l'alimentation non équilibré entre les phases statoriques de l'actionneur.

Dans le troisième chapitre, la caractérisation d'un modèle multidisciplinaire de l'actionneur linéaire tubulaire incrémental et de ses différents constituants est envisagée. Le couplage de ces modèles est étudié par simulation sous Matlab/Simulink sur le plan des comportements statique et dynamique du système global seringue-actionneur, caractérisé par des oscillations et une erreur statique en position. Nous avons proposé dans ce chapitre une technique par commutation de phase pour corriger l'erreur statique et pour remédier aux problèmes de l'élimination des oscillations et le lissage du mouvement de l'actionneur d'étude.

CHAPITRE I :

GENERALITES SUR LES POUSSES SERINGUES ELECTRIQUES

CHAPITRE I :

GENERALITES SUR

LES POUSSE-SERINGUES ELECTRIQUES

Sommaire

I.1. INTRODUCTION

Le pousse-seringue électrique est un système biomédical utilisé pour les perfusions intra-veineuses, intra-artérielles, d'anesthésie, de la chimio-thérapie [Scherpereel 91].

La motorisation de ces systèmes biomédicaux est souvent assurée par un actionneur incrémental linéaire ou rotatif, solidaire d'un système de transformation de mouvement généralement coûteux, encombrants et nécessitant un entretien périodique [Kahwati 01].

La première partie de ce chapitre présente les parties mécaniques du pousse-seringue électrique. Après, une classification des actionneurs incrémentaux et de leurs différentes stratégies de commande qui permet de sélectionner la structure la mieux adaptée répondant aux besoins de l'application, les systèmes de transformations de mouvement de la rotation à la translation sont ensuite considérés. Une étude des propriétés physiques des médicaments perfusés est de plus envisagée.

Apres avoir posé le problème de conception d'un tel système et étudié les solutions pour satisfaire aux exigences d'un cahier de charge, l'approche de prédimensionnement de la structure est menée. Les différentes étapes de la conception, allant de la prise en compte des différents phénomènes physiques, au choix du matériau magnétique d'un actionneur sont présentées afin de concevoir un prototype répondant aux spécifications dudit cahier de charge.

I.2. DESCRIPTION DES POUSSES-SERINGUES ELECTRIQUES

Les Pousse-Seringues Electriques (PSE) permettent d'injecter d'une façon lente et continue une solution médicamenteuse dans l'organisme à des fins thérapeutiques ou de diagnostiques [Scherpereel 91], [Saadaoui 07]. Ils permettent aussi de transfuser des constituants du sang tels que plasma, plaquettes, concentré globulaire [Loriferne 90 a]. Dans le cas de maladies cardio-vasculaire et neurologique par exemple, le traitement par injection intraveineuse de solutions à longue durée, à débit réglable et à rythme précis [Rice 02], nécessite la mise en place de seringues automatiques programmables, pouvant être reliées à un réseau local de surveillance [Loriferne 90 a], [Loriferne 90 b].

Les plages de débits d'injection des médicaments en utilisant les pousses-seringues électriques peuvent varier de 0.1 ml/h à 99.99 ml/h, les volumes des seringues médicales les plus couramment utilisées étant de 5 ml, 10 ml, 20 ml, 30 ml et 50 à 60 ml [Kahwati 01].

Les pousses-seringues électriques doivent vaincre la contre-pression due aux pressions veineuses, aux résistances à l'écoulement au sein des lignes de perfusion. Les principaux vaisseaux utilisés pour la perfusion sont les veines périphériques et centrales [Loriferne 90 a].

- Les veines périphériques sont principalement les veines du dos de la main, veines de l'avant-bras ou du bras et la veine saphène interne à la malléole, figure I.1, [Schmidt-Nielsen 98]. Chez le petit enfant, les veines épicrâniennes peuvent être aussi utilisées.

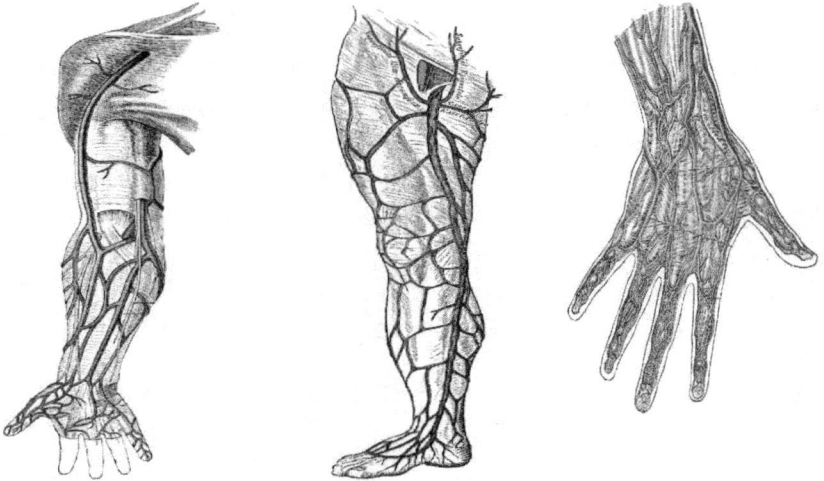

Figure I.1 : *Voies veineuses périphériques*

- Les veines centrales sont la veine jugulaire interne, située au niveau du cou, la veine fémorale, qui chemine dans le triangle de Scarpa (cou, pointe de l'épaule, sein), la veine sous-clavière, étendue de la base du cou jusqu'au bras [Joaquim 04], figure I.2, [Schmidt-Nielsen 98].

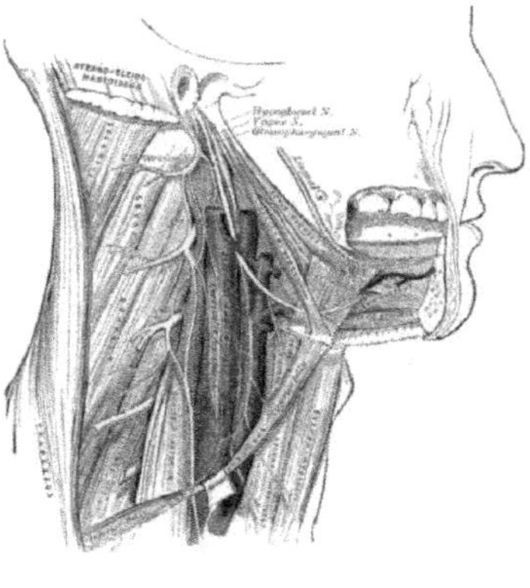

Figure I.2 : *Voies veineuses centrales*

Les pressions veineuses des veines centrales et périphériques se différencient de la position de l'individu selon qu'il soit debout ou allongé, figure I.3, [Schmidt-Nielsen 98]. Généralement les pousses-seringues électriques médicaux sont utilisés dans le mode continu de perfusion où l'individu est allongé. Le tableau I.1 illustre les valeurs de la pression veineuse pour un individu allongé, [Schmidt Nielsen 98].

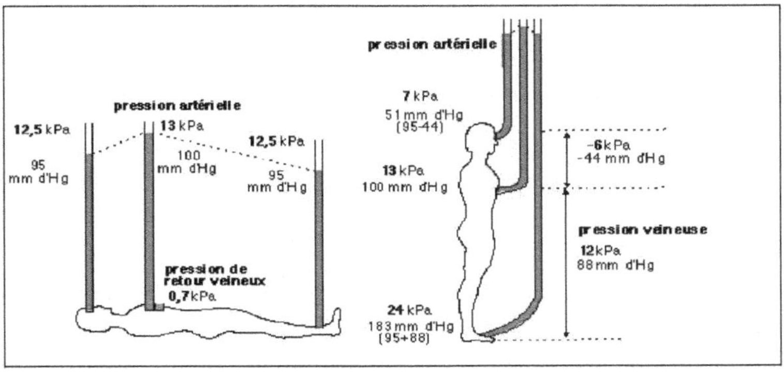

Figure I.3 : *La pression artérielle pour l'homme*

Tableau I.1 : *Pression veineuses dans les veines centrales et périphériques*

	Pression (mmHg)
Aorte	100
Artères	100-40
Artérioles	40-30
Capillaires	30-12
Veinules	12-10
Veines	10-5
Veine cave	2

Le pousse-seringue électrique combine des parties mécaniques, électriques et électroniques de commande. La partie mécanique, constituant le support pour les différents types de seringues, comprend un actionneur incrémental linéaire ou rotatif qui est couplé avec le piston de la seringue. Ensuite, la partie électronique de commande permet de contrôler les débits et les pressions, de gérer les alarmes et d'effectuer de nombreux calculs des doses en fonction des protocoles de perfusion. Enfin, une partie électrique, constituée par des batteries d'alimentation de secours est utilisée en cas de coupure de courant.

I.2.1. Système de motorisation

L'actionneur incrémental est un convertisseur électromagnétique assurant la transformation d'une information électrique impulsionnel envoyé par la commande à l'amplificateur de puissance se traduisant par un déplacement mécanique pouvant être un déplacement linéaire ou angulaire [Jufer 95], [Abignoli 91], [Sahraoui 93], figure I.4. Il est caractérisé par un positionnement précis sans asservissement, par la simplicité de leur mise en œuvre, sa petite taille et son faible coût ; toutes ces performances et caractéristiques font que cet actionneur est apprécié dans le domaine médical [Diebold 90], afin de motoriser les pousses-seringues caractérisées par un débit précis pour la perfusion.

Commande → Pilotage ou séquenceur → Amplificateur de puissance → Actionneur incrémental

Figure I.4 : *Schéma synoptique de la chaîne d'action d'un actionneur incrémental*

I.2.1.1. Les actionneurs incrémentaux rotatifs

Les actionneurs incrémentaux rotatifs permettent de transformer l'énergie électrique en énergie mécanique sous forme d'une rotation. Ils sont classés en fonction du phénomène physique qui est à la base de leur mouvement, les principaux actionneurs rotatifs sont   [Kant 89b] :
- les actionneurs incrémentaux à aimant permanent,
- les actionneurs incrémentaux à réluctance variable,
- les actionneurs hybrides.

I.2.1.1.1. Les actionneurs incrémentaux à aimants permanents

Le fonctionnement des actionneurs à aimant permanent est assuré par l'alignement des aimants qui se situent au niveau de rotor, avec le champ électromagnétique statorique qui est créé par l'alimentation des enroulements bobinés sur des plots régulièrement répartis dans le stator. L'inversion du sens de rotation dépend de l'ordre d'alimentation des bobines et du sens du courant. La figure I.5 présente la structure d'un actionneur incrémental à aimant permanent unipolaire, mais souvent alimenté bipolaire, les enroulements (1,3) et (2, 4) étant mis en série pour former une seule phase, figure I.6.

Ce type d'actionneur présente en effet un couple important mais sa conception est complexe vue la difficulté de loger l'aimant.

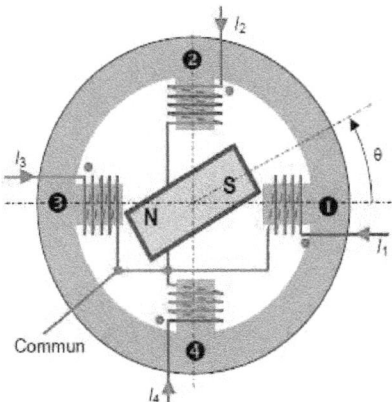

Figure I.5 : *Structure d'un actionneur à aimant permanent rotatif unipolaire*

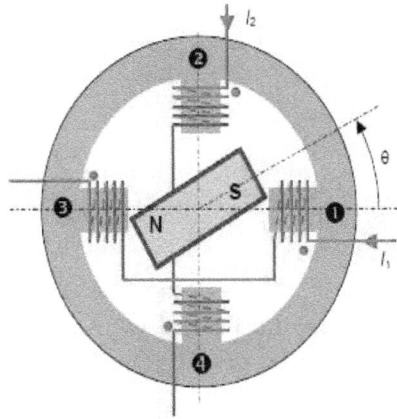

Figure I.6 : *Structure d'un actionneur à aimant permanent rotatif bipolaire*

I.2.1.1.2. Les actionneurs incrémentaux à réluctance variable

La rotation d'un actionneur incrémental à réluctance variable est engendrée par la réaction entre un champ magnétique statorique et un rotor saillant qui provoque l'alignement de la partie saillante et le pole crée par le champ magnétique. Son principe de fonctionnement est basé sur la tendance des circuits magnétiques à se mettre en position de réluctance minimum et de flux maximum. Cet actionneur est caractérisé par une structure dentée au niveau du rotor et stator, les nombres de dents au rotor et au stator sont différents. Le nombre de phases de l'actionneur est déterminé à partir du nombre de bobines au stator et le type de connexion. La figure I.7 présente un actionneur à réluctance variable comportant 8 pôles au stator et 6 dents [Nollet 06].

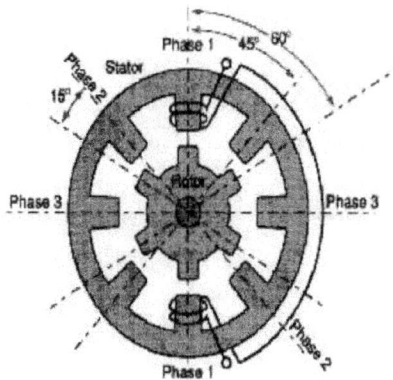

Figure I.7 : *Structure d'un actionneur à réluctance variable*

L'actionneur à réluctance variable est caractérisé par une bonne résolution, un couple moteur faible et une facilité de construction et par le choix du sens de rotation qui dépend de l'ordre d'excitation des bobines ; afin d'améliorer sa résolution angulaire, il convient d'augmenter le nombre de stators d'un même actionneur ; c'est le cas pour les actionneurs multistack [Grenier 01], figure I.8.

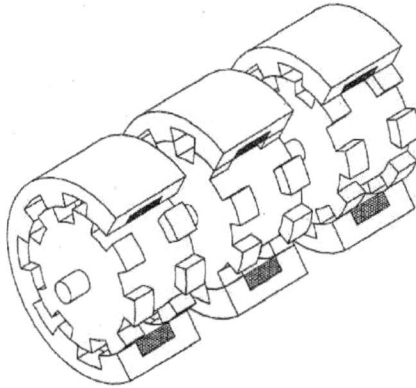

Figure I.8 : *Actionneur à réluctance variable multistack*

I.2.1.1.3. Les actionneurs incrémentaux hybrides

Les actionneurs incrémentaux hybrides sont construits par un rotor denté et d'aimants permanents leur principe de fonctionnement étant obtenu par la superposition des principes d'un actionneur à réluctance variable et d'un actionneur à aimant permanent. Ces actionneurs présentent les avantages suivants : un couple moteur élevé, un nombre important de pas par tour et une précision de positionnement, mais ses pertes fer restent toutefois importantes.

La structure la plus répandue sur le marché correspond à l'excitation de type homopolaire produite par un aimant axial, figure I.9, [Multon 08].

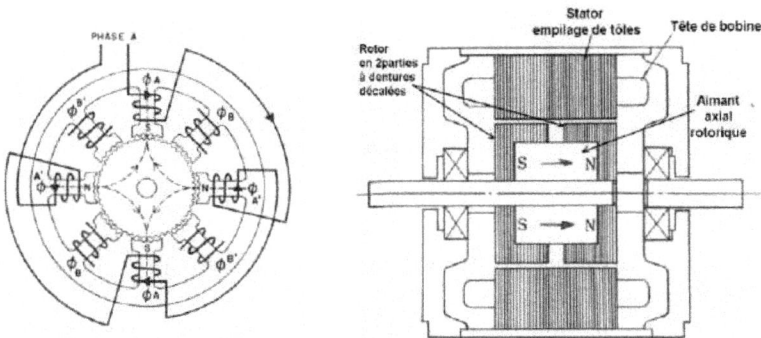

Figure I.9 : *Moteur hybride à quatre phases*

I.2.1.2. Les actionneurs incrémentaux linéaires

Les actionneurs linéaires sont constitués d'un stator portant des bobines et d'une partie mobile générant un déplacement longitudinal. Selon l'origine de la génération de la force de poussée de la partie mobile, ces actionneurs sont classés en trois catégories différentes :
- les actionneurs incrémentaux à aimant permanent,
- les actionneurs incrémentaux à réluctance variable,
- les actionneurs hybrides.

I.2.1.2.1. Les actionneurs incrémentaux à aimant permanent

Un actionneur linéaire à aimant permanent est constitué d'un induit formé d'un ensemble de phases bobinées et d'un inducteur réalisé en aimant. Le champ dans l'entrefer, créé par une alimentation séquentielle des bobinages, oriente l'aimant suivant une direction et un sens qui lui sont relatifs. L'inversion du sens du courant dans les bobines, provoque une inversion du champ magnétique.

Ces actionneurs présentent les caractéristiques suivantes :
- un couple moteur important, l'existence d'un couple de maintien quand l'actionneur n'est pas alimenté,
- une inertie importante,
- un pas relativement grand.

La figure I.10 présente un actionneur à aimant mobile [Ben Saad 05].

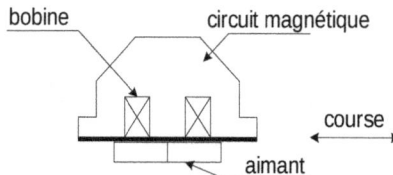

Figure I.10 : *Actionneur linéaire à aimant mobile*

I.2.1.2.2. Les actionneurs incrémentaux à réluctance variable

Les actionneurs à réluctance variable sont classés en trois catégories.

- L'actionneur à induit mobile comporte l'alimentation d'une façon embarquée ou reliée par un câble électrique pénalisant son utilisation, l'inducteur étant fixé sur un rail [Ben Ahmed 02], figure I.11,

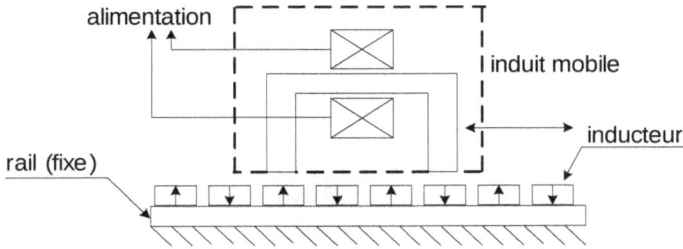

Figure I.11 : *Actionneur à réluctance variable à induit mobile*

- L'actionneur à inducteur mobile, solidaire à un rail, l'induit étant fixe, figure I.12, est utilisé pour la motorisation de tables de machine-outils [Ben Ahmed 02],

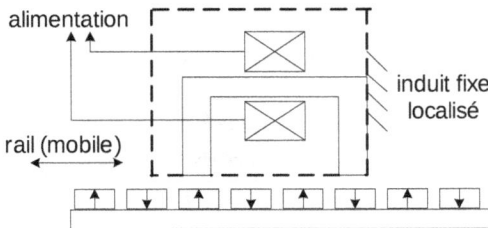

Figure I.12 : *Actionneur à réluctance variable à induit fixe*

- L'actionneur à inducteur mobile, l'induit étant fixe, distribué et solidaire au rail, figure I.13, à une son alimentation complexe et coûteuse [Ben Ahmed 02].

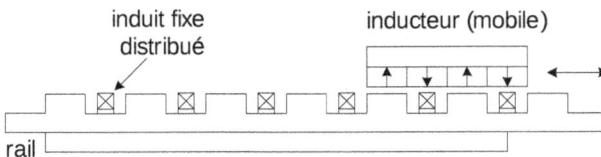

Figure I.13 : *Actionneur à réluctance variable à induit fixe et distribué*

Ces actionneurs à structure plane, figure I.11, figure I.12 et figure I.13, sont caractérisés par des efforts importants exercés sur le système de guidage car les efforts normaux ne sont pas négligeables, mais considérés comme des parasites [El Amraoui 02 d]. Ils sont supérieurs aux efforts tangentiels qui représentent la composante utile pour générer la force de translation de l'actionneur. Afin de remédier à ce problème, la structure tubulaire permettant de compenser les efforts normaux et de réduire la force résultante sur le guidage, figure I.14, constitue une solution adaptée.

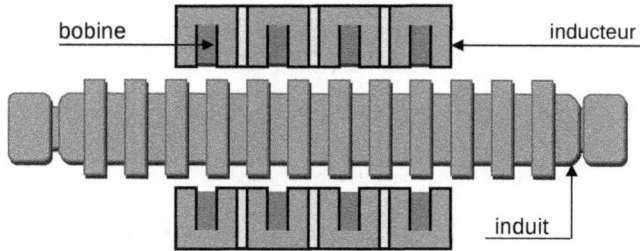

Figure I.14 : *Actionneur à réluctance variable et à structure tubulaire*

I.2.1.2.3. Les actionneurs incrémentaux hybrides

L'actionneur hybride est composé d'un inducteur mobile denté et d'un induit formé par à un ensemble de phases bobinées à réluctance variable et d'aimants permanents, figure I.15. Le mouvement des actionneurs hybrides résulte de la superposition de la force créée par l'aimant et de la force développée par l'effet réluctant des dents.

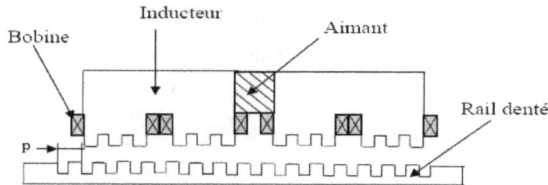

Figure I.15 : *Structure de base d'un moteur linéaire réluctant polarisé*

I.2.1.2.4. Spécificités des actionneurs incrémentaux linéaires

Les actionneurs linéaires génèrent un mouvement de translation sans utiliser des organes intermédiaires de transformation de mouvement, qui sont généralement nécessaires lorsque les actionneurs rotatifs sont utilisés ; [Gieras 04], [Jinupun 03], [Sakamoto 03]; ils ont une grande précision de positionnement, mais leurs principales limites sont relatives au choix du guidage, au choix d'entrefer et aux effets d'extrémités.

➤ **Choix du guidage**

Le guidage d'un actionneur linéaire est assuré par un système de roulettes, de glissières ou par un coussin d'air; il est beaucoup plus difficile et moins efficace qu'un guidage d'un actionneur rotatif, assuré par des flasques et des roulements. La résultante des forces d'attraction entre le stator et le rotor est nulle pour un actionneur rotatif alors qu'elle est généralement importante et plus difficile à maîtriser pour un actionneur linéaire [Jufer 95].

➤ **Choix de l'entrefer**

La réalisation d'un entrefer faible est difficile et coûteux, que ce soit pour un actionneur linéaire ou rotatif, à cause du système de guidage entre les parties fixes et mobiles, ainsi que de la difficulté de sa fabrication et de son montage. La force par unité de surface est d'autant plus faible que l'entrefer rapporté au pas dentaire est plus élevé [Favre 00].

➤ **Effets d'extrémités**

L'actionneur linéaire incrémental est caractérisé par une discontinuité des phénomènes électromagnétiques à ses extrémités, contrairement à l'actionneur rotatif qui est fermé sur lui-même. Ce phénomène est très gênant, vu que cette discontinuité se caractérise par un déséquilibre entre les forces électromagnétiques selon qu'une phase centrale ou une phase d'extrémité est excitée [Khidiri 86], [Bolopion 84].

I.2.1.3. Commande des actionneurs incrémentaux

Les alimentations actuelles des actionneurs incrémentaux sont généralement classées en cinq modes de fonctionnement : mode 1, mode 2, mode 3, mode 4 et mode 5. Ce type de commande peut présenter des insuffisances lorsque des performances dynamiques sont exigées.

I.2.1.3.1. Commande en mode 1

Considérons le schéma de la figure I.16, présentant une structure quatriphasée d'un actionneur incrémental rotatif à aimant permanent.

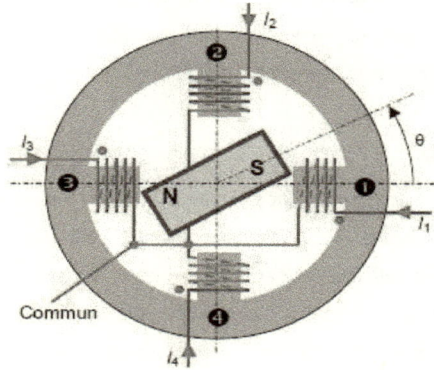

Figure I.16 : *Structure quatriphasée à alimentation unipolaire*

En mode 1, une seule phase est alimentée à la fois par le courant nominal I_n. L'excitation successive des phases 1, 2, 3 et 4 conformément au cyclogramme de la figure I.17, conduit à quatre positions d'équilibre.

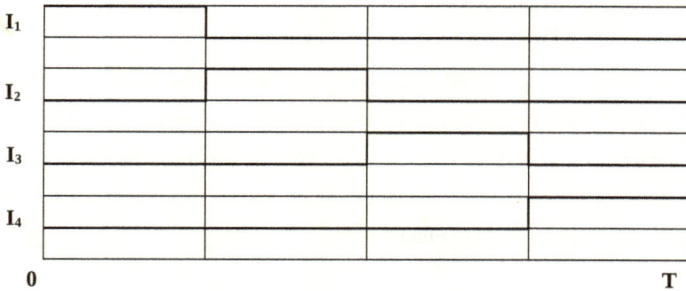

Figure I.17 : *Cyclogramme des courants d'alimentation unipolaire en mode 1*

Si les phases sont alimentées dans l'ordre inverse, le déplacement ou la rotation de la partie mobile se fait dans le sens contraire du précédent. Les positions d'équilibre sont conservées mais leur occurrence est inversée.

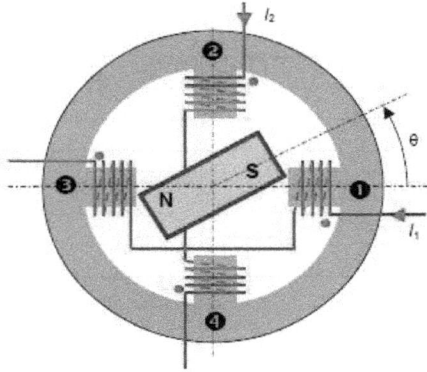

Figure I.18 : *Principe de l'alimentation bipolaire en mode 1*

D'après la figure I.18, les courants I_1 et I_2 traversent les enroulements dans les deux sens. Les phases, excitées par la séquence de courants de la figure I.19, provoque la rotation de l'actionneur. Ce mode de contrôle est bipolaire et donne le même nombre de pas cyclique que l'alimentation unipolaire, le couple dans ce mode bipolaire étant plus important.

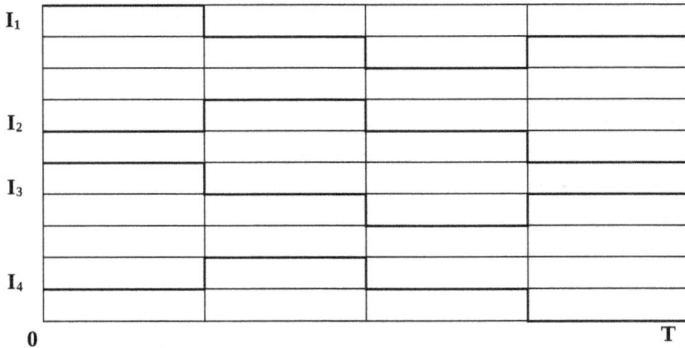

Figure I.19 : *Cyclogramme des courants d'alimentation bipolaire en mode 1*

I.2.1.3.2. Commande en mode 2

Le principe de la commande en mode 2 est que deux phases de l'actionneur sont excitées parallèlement deux à deux dans l'ordre (1,4), (1,2), (2,3) et (3,4), conformément au cyclogramme de la figure I.20.

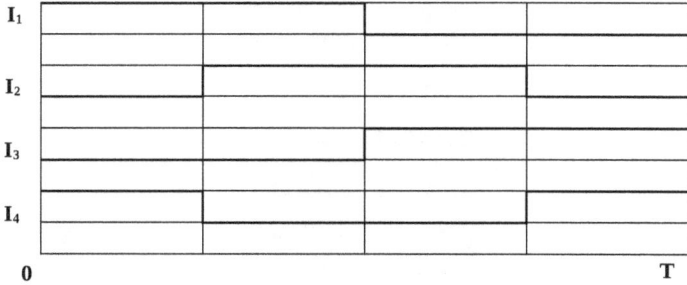

Figure I.20 : *Cyclogramme des courants d'alimentation en mode 2*

L'avantage de ce mode de commande est que l'effort de maintien et le couple sont augmentés d'un rapport $\sqrt{2}$ par rapport au mode 1.

I.2.1.3.3. Commande en mode 3

La commande en mode 3 est la combinaison en alternance des modes 1 et 2. Ce mode d'excitation maintient dans les phases statoriques des courants alternés qui se caractérisent par un nombre de positions d'équilibre doublé et un déplacement en demi-pas. La figure I.21 présente l'allure des courants de phase pour un actionneur à aimant permanent et à alimentation unipolaire.

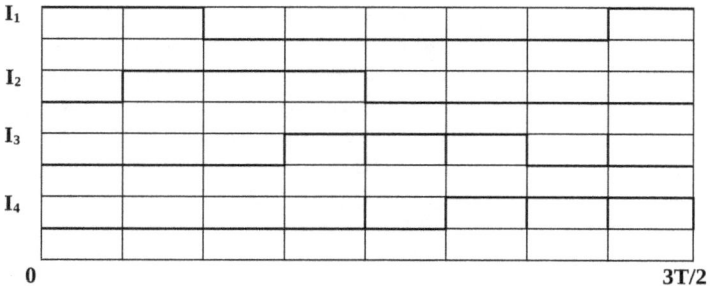

Figure I.21 : *Cyclogramme des courants d'alimentation en mode 3*

L'inconvénient de ce mode de fonctionnement est qu'il n'assure pas le même champ créé pour tous les pas; pour remédier à ce problème, le mode 4 est souvent utilisé dans des applications industrielles.

I.2.1.3.4. *Commande en mode 4*

La commande en mode 4 permet l'augmentation du courant de $\sqrt{2}$ fois lorsqu'une phase seule est alimentée. La commande des phases est la même que dans le mode 3, mais les amplitudes des courants sont devenues identiques. Les allures des courants d'alimentations sont données par le cyclogramme de la figure I.22.

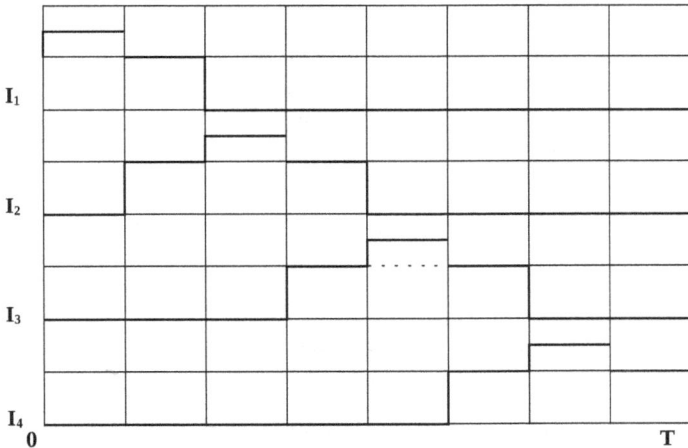

Figure I.22 : *Cyclogramme des courants d'alimentation en mode 4*

I.2.1.3.5. Commande en mode 5

La commande en mode 5 ou "ministepping", est obtenu en excitant simultanément deux phases; toutes les positions d'équilibre intermédiaire, entre la position initiale et celle qui suit, peuvent être atteintes.

Ce mode de fonctionnement améliore les performances dynamiques d'un actionneur incrémental en boucle ouverte.

I.2.2. Système de transformation de mouvement

Les organes de transformation de mouvement permettent de transformer un mouvement de rotation en un mouvement de translation. Les principaux organes employés sont cités ci-dessous.

- Un système vis-écrou, système de transformation de mouvement, est très utilisé vu la simplicité de sa mise en œuvre ; son principe de fonctionnement est basé sur l'utilisation de la liaison hélicoïdale ; en effet, le système reçoit un mouvement de rotation, la vis déplace alors l'écrou à droite ou à gauche selon le sens de rotation, figure I.23.

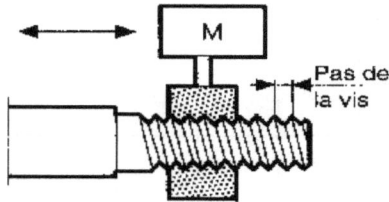

Figure I.23 : *Système vis-écrou*

- Un système à crémaillère : le moteur fait tourner la roue dentée ; lorsque la roue dentée tourne, il y a deux possibilités : soit la surface est fixe, la roue dentée se déplace ou bien la roue est fixe et la surface se déplace, figure I.24.

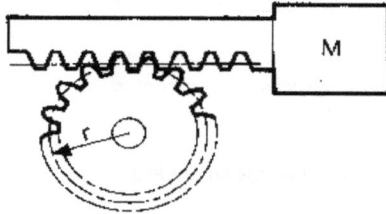

Figure I.24 : *Système à crémaillère*

- Un système roue-vis : la roue dentée et la vis sont tangents ; lors de la rotation de la roue dentée, la vis transforme ce mouvement en une translation ; c'est le principe de la liaison hélicoïdale, figure I.25.

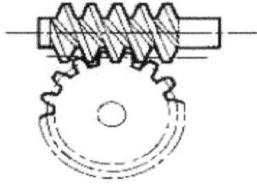

Figure I.25 : *Système roue-vis*

Les organes de transformation de mouvement solidaire d'une part, aux actionneurs rotatifs et d'autre part, au piston du PSE, qui va littéralement pousser le médicament contenu dans la seringue vers le malade. Les médicaments perfusés ont des propriétés physiques différentes.

I.2.3. Propriétés physiques des médicaments perfusés

La dynamique des médicaments diffère d'un médicament à l'autre ; d'une part, les médicaments non visqueux ont la dynamique qu'un fluide parfait, alors que, les médicaments visqueux ont la dynamique qu'un fluide réel.

I.2.3.1. Médicament non visqueux

Les médicaments injectés non visqueux ont le même caractère que la dynamique d'un fluide parfait incompressible. Lors de l'écoulement du médicament de la seringue à l'aiguille, les molécules se déplacent sans aucun frottement les uns par rapport aux autres, donc sans viscosité $(\mu = 0)$ et sans dissipation d'énergie [Baker 99]. Le profil de vitesse est uniforme dans la section droite de la seringue et de l'aiguille [Faisandier 99].

La dynamique de l'écoulement du médicament peut être décrite par le théorème de Bernoulli suivant [Baker 99], [Wendell 06] :

$$\rho g z_1 + P_p + \frac{1}{2}\rho V_1^2 = \rho g z_2 + P_o + \frac{1}{2}\rho V_2^2 \qquad (I.1)$$

P_p et P_o étant des pressions statiques, $\rho g z_1$ et $\rho g z_2$ des pression de la pesanteur, $\frac{1}{2}\rho V_1^2$ et $\frac{1}{2}\rho V_2^2$ des pressions cinétiques.

I.2.3.2. Médicament visqueux

Les médicaments injectés visqueux ont le même caractère que la dynamique d'un fluide réel dont la viscosité est telle que : $\mu \ne 0$. Lors de l'écoulement du médicament de la seringue à l'aiguille, les différentes couches du médicament frottent les unes contre les autres et contre la paroi qui n'est pas parfaitement lisse. Le profil de vitesse d'écoulement du fluide peut avoir trois formes: laminaire, transitoire ou turbulent, en effet, afin de déterminer la nature de ce profil de vitesse, on doit calculer le nombre de Reynolds qui peut être exprimé par [Faisandier 99] :

$$R_e = \frac{\rho D_n V_2}{\mu} \tag{I.2}$$

D_n étant le diamétre de l'aiguille, V_2 la vitesse à la sortie de l'aiguille, ρ la masse volumique du médicament à perfuser et μ le coefficient de viscosité dynamique du médicament.

D'après la littérature relative à la mécanique de fluide, les trois régimes d'écoulement sont définis par trois intervalles selon le nombre de Reynolds R_e [Faisandier 99].

- Si *Re < 2000* : le régime est laminaire,

- Si *2000 < Re < 3000* : le régime est transitoire,

- Si *Re > 3000* : le régime est turbulent.

Les médicaments visqueux s'écoulent de la seringue à l'aiguille avec dégagement de l'énergie sous forme de perte; cette perte est de deux types : les pertes de charge linéaires et les pertes de charge singulières.

➤ **Les pertes de charge linéaires**

Les pertes de charge linéaires se produisent tout au long des formes cylindriques ou conduites. Elles sont proportionnelles au carré de la vitesse et dépendent de la nature de l'écoulement (laminaire ou turbulent) et de la nature de la conduite. La perte de charge ΔP linéaire est décrite par l'équation suivante [Faisandier 99], [Azzoune 06], [Faroux 99] :

$$\Delta P = \rho \lambda \frac{L}{D} \frac{V^2}{2} \tag{I.3}$$

L étant la longueur du cylindre, D le diamètre du cylindre, ρ la masse volumique du fluide et λ le coefficient de frottement de Moody.

> ➢ **Les pertes de charge singulières**

Les pertes de charge singulières sont provoquées par des modifications du contour de la veine liquide, comme par exemple le rétrécissement, l'élargissement ou le changement de direction. Elles sont proportionnelles au carré de la vitesse et de la forme de l'incident de parcours. La perte de charge singulière est décrite par l'équation suivante [Faisandier 99], [Azzoune 06] :

$$\Delta P = \rho K_c \frac{V^2}{2} \tag{I.4}$$

K_c étant le coefficient de perte de charge singulière.

La dynamique de l'écoulement du médicament visqueux peut être décrite par l'équation de Bernoulli généralisée suivante [Chen 02], [Cao 08] :

$$\rho g z_1 + P_p + + \frac{1}{2} \rho \frac{V_1^2}{\alpha_1} = \rho g z_2 + P_o + \frac{1}{2} \rho \frac{V_2^2}{\alpha_2} + \Box\ F \tag{I.5}$$

α_1 étant le facteur de correction d'énergie cinétique à l'interface d'air-fluide, α_2 le facteur de correction d'énergie cinétique à la sortie du système et $\Box\ F$ les pertes de charge linéaires et singulières.

I.3. POSITION DU PROBLEME

Le pousse-seringue électrique permet de perfuser un soluté ou un médicament, ses applications dans le domaine médical sont variées. En effet, cet appareil est utilisé dans les blocs opératoires, anesthésie, réanimation, les urgences, la cardiologie. Son principe de fonctionnement est basé sur le mouvement de translation du piston commandé par un système électromécanique, permettant de faire varier sa vitesse, son pas de déplacement, la force qu'il développe et aussi sur le signalement de tout disfonctionnement grâce à des alarmes. La motorisation du pousse-seringue est généralement conçue autour d'un actionneur incrémental. Lorsque l'actionneur incrémental rotatif est utilisé, celui-ci est solidaire à des organes de transformation, rendant nécessaire la remise à zéro avant toute nouvelle utilisation [Berney 97], ce qui représente une manipulation supplémentaire relativement complexe. D'autre part, l'utilisation d'un actionneur incrémental linéaire se prête bien aux applications qui demandent un déplacement de positionnement rectiligne. En effet, il permet de simplifier la chaîne de transmission, en supprimant les organes intermédiaires de transformation de mouvement. Par ailleurs, dans la gamme des actionneurs incrémentaux linéaires réluctants, la variante tubulaire est la plus intéressante grâce à son effort radial nul, permettant d'avoir la force de translation du piston développée par l'actionneur.

Les objectifs de cette thèse sont donc multiples :

- Recenser et étudier les phénomènes électriques, mécaniques, dynamiques, magnétiques, de charge, thermique qui peuvent intervenir dans la modélisation et la conception des actionneurs.
- Dimensionner et concevoir le système de motorisation linéaire,
- Valider un modèle de comportement par une la méthode numérique des éléments finis,
- Elaborer des modèles multidisciplinaires jugés influant sur le comportement du système conçu,
- Analyser les comportements statique et dynamique du système en utilisant le modèle validé,
- Etudier l'influence des fluctuations de charge et des variations de modes d'administration sur le comportement du système,
- Améliorer les performances du système dans son environnement de fonctionnement par une technique de commande.

La figure I.26 présente le synoptique du pousse-seringue électrique à concevoir.

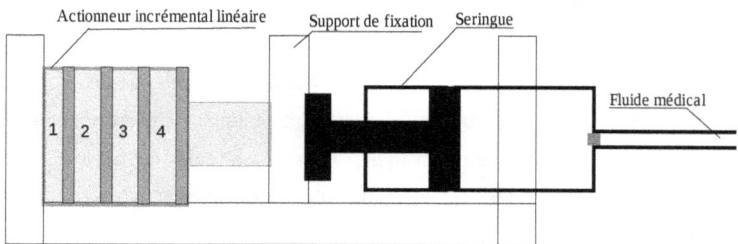

Figure I.26 : *Synoptique du pousse-seringue électrique étudié*

I.4. OUTILS DE DIMENSIONNEMENT DES ACTIONNEURS

Une phase importante lors de dimensionnement des actionneurs électriques est la phase de modélisation. Trois types de modèles sont à distinguer : le modèle analytique, les réseaux de réluctances et le modèle éléments finis [El Amraoui 02 a].

I.4.1. Modèle analytique

L'approche analytique est une procédure de dimensionnement des actionneurs électriques. Le modèle analytique est constitué des équations mathématiques; les paramètres d'entrée de ce modèle sont les paramètres géométriques qui décrivent la structure et les caractéristiques des matériaux utilisés et les paramètres de sortie sont les performances du système à concevoir telles que le courant, la force électromagnétique, le flux [Makni 06].

Les performances des outils logiciels utilisant les puissances croissantes des micro-ordinateurs permettent actuellement d'explorer en un temps rapide au maximum l'espace des solutions. Ces avantages ont permis au modèle analytique d'être utilisé dans les procédures itératives pour le dimensionnement.

I.4.2. Réseaux de réluctances

La méthode par réseaux de réluctances permet de modéliser les circuits magnétiques des dispositifs électromagnétiques par des circuits électriques équivalents [Albert 04]. Il est alors possible de décomposer la structure électromagnétique en plusieurs « tubes de flux magnétiques » [El Amraoui 02 a]. Nous obtenons ainsi un réseau de réluctances. Chaque tube de flux magnétique est représenté par une réluctance qui traduit la difficulté rencontrée par le flux magnétique à s'établir dans le circuit magnétique, figure I.27, La relation d'Hopkinson nous permet d'écrire [Albert 04] :

$$\varepsilon = \square\, \varphi \qquad\qquad (I.6)$$

ε étant la force magnétomotrice, φ le flux magnétique et $\square$ la résistivité de la réluctance.

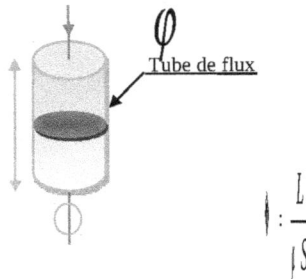

Figure I.27 : *Modélisation d'un tube du flux par réluctance*

Le flux magnétique est équivalent au courant électrique, la réluctance à la résistance et la force magnétomotrice à la tension; chaque maille du réseau de réluctance correspond à l'application de la relation d'Ampère sur le contour décrit par la maille [Albert 04]. Cette méthode présente des temps de calcul extrêmement rapides.

I.4.3. Méthode des éléments finis

La méthode des éléments finis est une méthode de simulation numérique des structures électromagnétiques ; elle fournit une solution approchée du problème étudié en discrétisant le domaine d'étude sur lequel les équations de Maxwell sont résolues. Le domaine, dans lequel est effectuée la simulation, est décomposé en un nombre fini d'éléments polygonaux qui forment le maillage. Les nœuds du maillage de tous les polygones déterminent la valeur du potentiel vecteur. L'application de cette méthode nécessite la rentrée de la géométrie de la structure électromagnétique en tenant compte des propriétés physiques des matériaux utilisés.

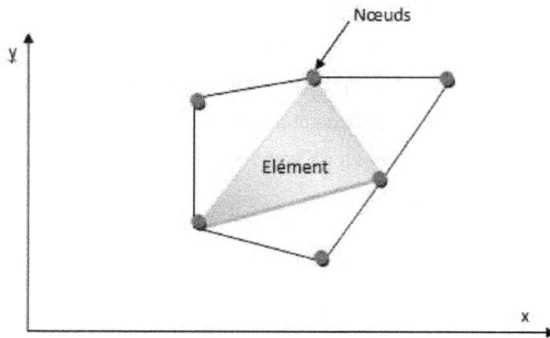

Figure I.28 : *Discrétisation par éléments finis en deux dimensions*

Cette méthode est très précise, mais son temps de calcul est élevé, du fait que le système à résoudre traite des matrices de grande dimension, obtenues par l'assemblage de matrices élémentaires relatives aux mailles liées aux dizaines de milliers de nœuds. En conséquence, une modélisation multidisciplinaire couplée des différents phénomènes physiques est intéressante mais difficile à mettre en œuvre.

I.5. LES DIFFERENTES PHASES DE LA CONCEPTION DE L'ACTIONNEUR

Les phases de conception d'un actionneur électrique sont en nombre de trois. La première concerne le choix de la structure électromagnétique à dimensionner suivant les exigences du cahier des charges. La deuxième phase concerne le dimensionnement de l'actionneur avec des modèles mathématiques sous des contraintes d'encombrement (diamètre externe, largeur d'entrefer,...) des contraintes liées aux matériaux (induction magnétique, température du bobinage,...) ou des contraintes économiques (prix de revient, coût d'entretien, ...). La troisième phase concerne l'analyse des résultats trouvés de la deuxième phase. La dernière étape de l'étude porte sur la validation du prototype conçu par une méthode numérique, i.e. des pour paramètres géométriques de l'actionneur dimensionnée   [Makni 06].

La figure I.29 présente l'organigramme du processus de conception d'un actionneur électrique.

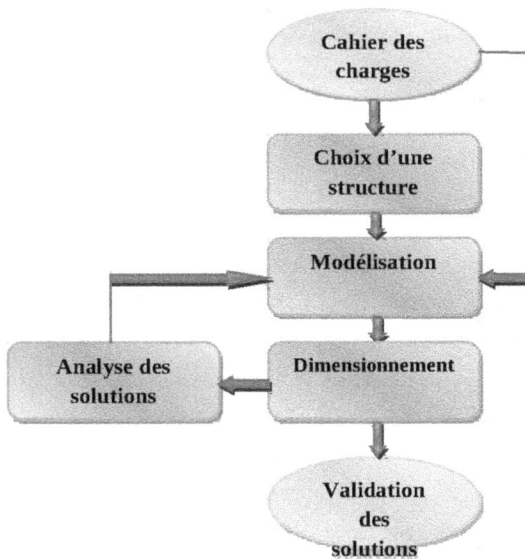

Figure I.29 : *Organigramme du processus de conception d'un actionneur*

I.5.1. Choix de la structure

Cette importante phase de la conception consiste en l'étude de différentes structures des actionneurs électriques et des éléments qui les constituent, afin de choisir la structure du système la plus appropriée pour répondre aux exigences du cahier des charges.

Cette phase permet de déterminer la topologie, les propriétés physiques du matériau de l'actionneur à concevoir.

I.5.2. Dimensionnement de la structure choisie

Le dimensionnement de l'actionneur permet de déterminer les caractéristiques géométriques, physiques et les paramètres de commande de l'actionneur à concevoir, en manipulant des équations mathématiques.

Ce modèle mathématique lie deux types de paramètres : les paramètres descriptifs du système (paramètres géométriques, nombre de spires,...) et les paramètres qui caractérisent son fonctionnement (force électromagnétique, vitesse, induction magnétique,...).

La phase relative à la modélisation permet, à partir des paramètres géométriques et physiques, de décrire le fonctionnement d'un actionneur par un modèle mathématique. Il s'avère aussi est difficile aussi de dissocier le dimensionnement de la modélisation [Espanet 99].

I.5.3. Analyse des solutions et validation

Cette phase concerne la vérification des performances statiques et dynamiques du dispositif électromagnétique dimensionné par rapport à la problématique du cahier des charges. En effet, il est nécessaire de vérifier les contraintes relatives aux phénomènes physiques; par exemple, lors de la phase de dimensionnement, nous tenons compte de l'échauffement des actionneurs ; donc, lors de la modélisation du modèle thermique, il faut que cette condition soit vérifiée.

La validation du modèle conçu peut se faire par une modélisation plus précise en utilisant des méthodes numériques comme la méthode des éléments finis.

I.6. MODELES COMPORTEMENTAUX DES MATERIAUX

Dans cette partie, on s'intéresse à la description des propriétés physiques des matériaux magnétiques et du cuivre qui serviront à la conception de l'actionneur incrémental linéaire tubulaire. Ces matériaux qui ont une grande influence sur le fonctionnement de l'actionneur, constitue la base de la modélisation multidisciplinaire couplée.

I.6.1. Caractéristique thermique du cuivre

L'échauffement des actionneurs électriques est dû principalement aux pertes joule. Un échauffement excessif peut amener à la détérioration des matériaux isolants des enroulements du bobinage, et influer ainsi la durée de vie de l'actionneur. Cette élévation de température est due à la caractéristique physique du cuivre. La conductivité du cuivre est donnée par la relation suivante [Makni 06] :

$$\frac{1}{\sigma_{cu}}(T_{cu}) = \frac{1}{\sigma_{cu0}} \diamondsuit + \alpha_{cu}(T_{cu} - T_{cu0}) \diamondsuit \tag{I.7}$$

Où σ_{cu0} est la conductivité à la température à l'instant initial, α_{cu} le coefficient de variation de la résistivité du cuivre, T_{cu0} la température du cuivre à l'instant initial et T_{cu} la température du cuivre à l'instant t.

Afin de remédier à ce problème d'échauffement, on utilise une convection forcée monophasique pour le refroidissement des actionneurs électriques [Bertin 99].

I.6.2. Caractéristiques magnétiques des tôles

Les matériaux magnétiques sont classés selon quatre catégories [Kurtz 95], [Smart 00] :
- les matériaux diamagnétiques,
- les matériaux paramagnétiques,
- les matériaux ferrimagnétiques,
- les matériaux ferromagnétiques.

Les matériaux utilisés pour la conception des actionneurs électriques en basse fréquence sont de type ferromagnétique doux laminé [Alhassoun 05], figure I.30. d'une part, à cause de leur susceptibilité et leur aimantation à saturation élevée, et d'autre part, à cause des pertes magnétiques qui sont faibles vu que ces matériaux sont sous forme d'empilement de tôles séparées entre elles par une fine couche d'isolant; cette solution limite les courants de Foucault induits dans ces circuits magnétiques et permet une bonne circulation du flux magnétique dans le plan des tôles [Alhassoun 05], [Hoang 95]. Pour les hautes fréquences au delà de 10kHz, les matériaux ferrimagnétiques sont utilisés.

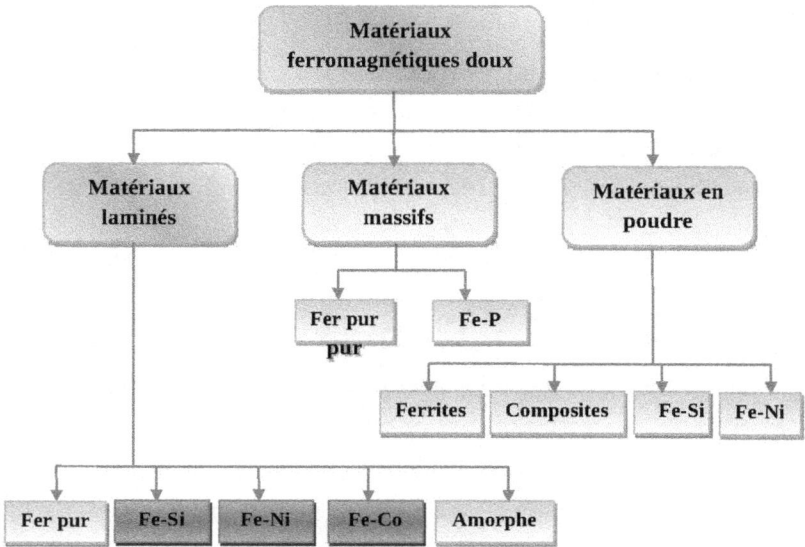

Figure I.30 : *Classification des matériaux ferromagnétiques*

Trois familles d'alliages ferromagnétiques doux laminés ont percé le marché : les alliages Fer-Silicium, les alliages Fer-Cobalt et les alliages Fer-Nickel ayant une faible rémanence, une perméabilité élevée et un cycle d'hystérésis étroit ; on peut aussi assimiler leurs caractéristiques magnétiques à leur courbe de première aimantation, figure I.31, [Makni 06].

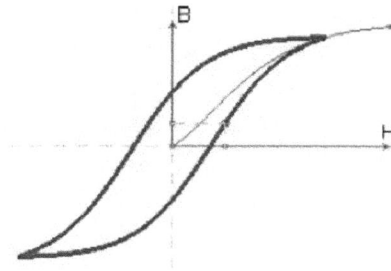

Figure I.31 : *Cycle d'hystérésis et courbe de première aimantation d'un matériau ferromagnétique*

I.6.2.1. Alliage Fer-Silicium

L'alliage Fer-Silicium est le plus utilisé dans le domaine de la construction des moteurs électriques; le taux de charge en silicium varie de 0% à 3% ce qui lui permet d'augmenter ses performances magnétiques : la résistivité augmente et le matériau magnétique devient dure et rigide [Alhassoun 05].

Ces alliages se divisent en deux familles : l'alliage Fer-Silicium à grains orientés "FeSiGo" et Fer-Silicium à grains non orientés "FeSiNo", chacun a ses spécificités physiques et son domaine d'application ; ils se caractérisent par une induction de saturation et une résistivité électrique importante [Giround 01].

Le tableau I.2 présente les caractéristiques magnétiques des alliages Fe-Si.

Tableau I.2 : *Caractéristiques magnétiques des alliages Fe-Si*

Matériaux	Niveau de saturation $B_s(T)$	Résistivité électrique $\rho\,(\Omega m)$
$FeSi_{3\%}Go$	2.03	$47\,10^{-8}$
$FeSi_{1à4\%}\,No$	1.7	$15\,10^{-8}$ à $60\,10^{-8}$

I.6.2.2. Alliage Fer-Nickel

Les alliages Fer-Nickel sont très utilisés dans les dispositifs électromagnétiques de faible puissance exigeant un matériau à bas champ coercitif, mais leurs prix élevés les orientent vers des applications spécialisées [Alhassoun 05].

Les alliages Fer-Nickel sont utilisés à l'état massif (barres, fils, tôles épaisses); leurs structure cubique à face centrée ne présente pas de transformation de phase à l'état solide, ce qui leur permet une grande facilité de laminage à froid et de traitements thermiques; [Couderchon 96], ceci facilite l'amélioration de ses propriétés magnétiques du fait, l'absence de vieillissement magnétique [Alhassoun 05].

Les alliages Fer-Nickel sont conçus avec des taux de charge en Nickel variant de 36% à 80%. On en distingue trois familles, tableau I.3, ayant chacune des caractéristiques physiques et des domaines d'application bien spécifiques.

Tableau I.3 : *Caractéristiques magnétiques des alliages Fer-Nickel*

Taux de Nickel	Niveau de saturation (T)	Perméabilité	Pertes massiques (50Hz) (W/Kg)
36-40%	1.3	2000-3000	1T □ 0.55-1.1
45-50%	1.55	5000-12000	1T □ 0.25-0.75
75-80%	0.8	35000-80000	0.5T □ 0.025

I.6.2.3. Alliage Fer-Cobalt

Les alliages Fer-Cobalt présentent de nombreuses caractéristiques intéressantes et attractives. Pour un taux de charge en cobalt variant de 25 à 30%, l'alliage ayant une induction de saturation très important B_{sat}(T) (2 à 3T) pour une perméabilité variant entre 1000 et 8000 [Couderchon 94 b]; ce qui lui permet d'être un produit phare pour des applications ayant un gradient de températures élevées [Alhassoun 05].

Les alliages Fer-Cobalt sont utilisés dans le domaine des machines tournantes, à des applications aéronautiques, ferroviaires ou militaires. Toutefois, leur développement reste confiné dans des applications spécifiques et ne relèvent pas du domaine de production de la grande série, vu la rareté et le prix élevé du cobalt [Couderchon 94 a].

Le tableau I.4 présente les caractéristiques magnétiques des alliages Fer Cobalt.

Tableau I.4 : *Caractéristiques magnétiques des alliages Fer- Cobalt*

Taux de Cobalt	Induction de saturation (T)	Perméabilité	Pertes massiques (50Hz) (W/Kg)
25-28%	2.4	3000	2T=>10
50%	2.35	8000-20000	2T=>5

I.7. LES MODELES DE COUPLAGE

Le couplage entre deux phénomènes physiques est intrinsèque, et implique l'existence des variables interdépendantes entre les grandeurs physiques mises en jeu. Le modèle de couplage est résolu numériquement par un couplage faible lorsque l'influence d'un phénomène physique sur l'autre n'est pas réciproque ou par un couplage fort lorsque les deux phénomènes physiques interagissent mutuellement.

Deux modèles de couplage sont à distinguer : le couplage faible et le couplage fort.

I.7.1. Couplage faible

Le couplage est faible lorsque les interactions des phénomènes physiques peuvent être traitées séparément. Le problème de ce couplage, résolu par un algorithme en cascade, est réalisé en faisant des mises à jour des paramètres dépendants d'un modèle à l'autre. Par exemple, le couplage magnéto-mécanique est considéré comme un couplage faible, le problème magnétique est résolu dans un premier temps par un modèle de réseau de réluctances pour déterminer l'évolution de la force électromagnétique. Ensuite, la réponse dynamique de l'actionneur, suite à l'excitation de force électromagnétique, est évaluée. La figure I.32 présente la synoptique du modèle de couplage faible.

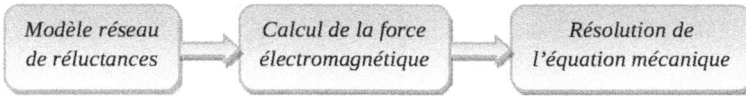

Figure I.32 : *Synoptique du modèle de couplage faible*

I.7.2. Couplage fort

Le couplage est fort lorsque les interactions entre plusieurs phénomènes physiques peuvent coïncider et implique ainsi l'existence de variables interdépendantes et lorsqu'il est impossible de résoudre numériquement les phénomènes séparément. Les équations des phénomènes à modéliser seront calculées simultanément. Par exemple, le couplage magnéto-thermique est résolu suivant un modèle de couplage fort vu que les pertes joules dépendent de la variation de la température du cuivre, et que l'équation analytique du modèle thermique dépend des pertes fer et des pertes joule, considérées comme des sources de chaleur.

I.8. TECHNIQUES DE REDUCTION DES OSCILLATIONS

Les oscillations de la partie mobile de l'actionneur linéaire étudié peuvent être gênantes car elles allongent le temps de réponse dynamique, même si elles sont peu amorties [Saidi 08], [Mayé 00], [Jufer 95]. Pour certaines vitesses de translation, ces oscillations peuvent introduire des pertes de synchronisme et des risques de décrochage, elles sont généralement dus à l'énergie cinétique accumulée par l'excitation de l'actionneur qui doit être dissipée pour que le mobile puisse s'arrêter [Grellet 97], [Jufer 95], [Ben Saad 05].

L'amortissement naturel des oscillations est effectuée selon le type de l'actionneur et ses conditions d'utilisation (alimentation en tension ou en courant, présence d'une charge amenant des frottements visqueux ou secs,...) [Mayé 00]. Afin de remédier au problème d'atténuation des amplitudes des oscillations, trois classes de solutions peuvent être exploitées; on distingue d'une part, les techniques d'action mécaniques visant l'accroissement des frottements mécaniques, d'autre part, les techniques d'action électrique, et enfin les techniques d'action sur la commande. Récemment, le recours à la commande en boucle ouverte est envisageable [Ben Saad 05], [Grelelt 97], [Jufer 95].

I.8.1. Technique d'action mécanique

Le lissage du mouvement des actionneurs incrémentaux se fait par l'exploitation des solutions mécaniques. Celle-ci ont pour principe l'augmentation volontaire des frottements visqueux ou secs. D'une part, agir sur les frottements secs n'est pas très intéressant et encourageant car cela mène à l'augmentation de la charge qui conduit à un surdimensionnement de l'actionneur et à l'augmentation de ces pertes [Mayé 00]. D'autre part, agir sur les frottements visqueux par l'adjonction d'un amortisseur différentiel à frottement visqueux [Bendjedia 07], est intéressant comme solution mais exploitable, lorsque l'actionneur ne fonctionne qu'à une vitesse lente ; pour des actionneurs à des vitesses rapides, les pertes deviendraient prohibitives [Mayé 00], [Jufer 95].

I.8.2. Technique d'action électrique

La réduction des oscillations de la réponse dynamique par la technique d'action électrique est d'une part, d'augmenter artificiellement les pertes ferromagnétiques par le choix d'un matériau doux non feuilleté pour la partie mobile ou en le munissant de spires en court-circuit mais l'inconvénient majeur de cette solution est que le comportement de l'actionneur pour les vitesses élevées est mauvais [Mayé]. D'autre part, on peut utiliser un des enroulements auxiliaire au stator dans lesquels on injectera un courant seulement lorsque c'est nécessaire. Cette solution est efficace mais entraine une augmentation du volume de cuivre suivant augmenter l'encombrement de l'actionneur [Mayé 00], [Bendjedia 07].

I.8.3. Technique d'action sur la commande

Les techniques d'action sur la commande ont été développées afin de remédier aux insuffisances des solutions mécaniques et électriques et pour amortir les oscillations de la réponse dynamique de l'actionneur incrémental.

Diverses techniques de commande sont exploitées dans la littérature : la commande en boucle ouverte et la commande en boucle fermée qui nécessite l'installation d'un capteur mécanique.

En effet, l'actionneur incrémental a été conçu pour fonctionner en boucle ouverte, comme son nom l'indique, ce type d'actionneur n'est pas très coûteux alors que le prix du capteur de position est très élevé et il est généralement sensible à la température

[Bendjedia 07], [Ben Saad 05], ce qui encourage l'utilisation les techniques de commande en boucle ouverte.

I.8.3.1. Commande par superposition de phases

L'élimination des oscillations et le freinage de l'actionneur est obtenu en imposant une vitesse de déplacement, de façon continue ou par saut, cela se fait par l'excitation simultanément de deux phases permettant l'obtention des différents positions d'équilibre entre deux pas, en fonction des courants traversant ces deux phases [Ben Saad 055], [Jufer 95].

I.8.3.2. Commande par commutation de phases

Cette commande permet de supprimer les oscillations par commutation de deux phases, la première phase permettant l'entrainement et le maintien à la position finale de la partie mobile de l'actionneur et la deuxième phase permettant le freinage du mobile et l'élimination de l'énergie cinétique développée lors de l'excitation de la première phase [Ben Saad 05], [Jufer 95], [Bendjedia 07]. Les instants de commutation des phases sont calculés en fonction des paramètres du système [Acarnley 02].

I.8.3.3. Commande en micropas

La commande en micropas permet de réduire les oscillations de la réponse dynamique de l'actionneur en exploitant deux phases. Le principe de la commande est comme suit : l'excitation de la phase B par un signal MLI de rapport cyclique croissant, et l'excitation de la phase A par un même signal que la phase B mais de rapport cyclique décroissant ; la phase B produit alors une force électromagnétique positive entraînant la partie mobile dans le sens avant et la phase A une force électromagnétique négative attirant la partie mobile en sens arrière [El Amraoui 02], [Ben Saad 05].

La phase A développant une énergie négative de freinage compense l'énergie cinétique de la phase B mais à condition que la modulation des courants est judicieusement calculée [El Amraoui 02].

Cette technique de commande permettant à la partie mobile d'atteindre sa position d'équilibre artificiel souhaité sans dépassement ni oscillation nécessite que la fréquence de la modulation doit être choisie en fonction des paramètres intrinsèques de l'actionneur   [Ben Saad 05].

I.9. CONCLUSION

Dans ce chapitre, nous avons présenté les différents structures des systèmes de motorisation du pousse-seringue, et retenu la structure d'un actionneur tubulaire linéaire incrémental à réluctance variable, qui allie les avantages suivants : un effort radial nul, une simplicité de la fabrication, ainsi que la génération d'un mouvement rectiligne sans faire appel à des organes intermédiaires de transformation de mouvement, qui sont nécessaires lorsque des actionneurs de type rotatif sont utilisés.

Un état de l'art sur les outils de dimensionnement et les différentes phases de la conception des actionneurs électriques est présenté. Le dimensionnement de l'actionneur retenu sera décrit par des équations mathématiques reliant l'interaction entre plusieurs phénomènes physiques couplées entre eux par des couplages faibles ou forts.

La troisième partie du chapitre est consacré au choix du matériau magnétique qui influence quantitativement sur le fonctionnement du système.

Ce chapitre s'intéresse aussi à la présentation des techniques de réduction des oscillations, qui ont été classées en trois catégories :

- les techniques d'action mécaniques souvent coûteuses énergétiquement,
- les techniques d'action électrique entrainant souvent des pertes ferromagnétiques et augmentant la masse du cuivre de l'actionneur,
- les techniques d'action sur la commande en boucle ouverte visant à être appliquées pour améliorer la réponse dynamique de l'actionneur.

CHAPITRE II :
MODELE ANALYTIQUE PROPOSE
POUR LA CONCEPTION D'UN
ACTIONNEUR INCREMENTAL
LINEAIRE TUBULAIRE

CHAPITRE II :

MODELE ANALYTIQUE PROPOSE POUR LA CONCEPTION D'UN ACTIONNEUR INCREMENTAL LINEAIRE TUBULAIRE

Sommaire

II.1. INTRODUCTION

Un modèle analytique pour le dimensionnement de l'actionneur linéaire incrémental est développé dans ce chapitre. Ce modèle est utilisé dans la phase de la conception pour déterminer les paramètres géométriques et les propriétés physiques de l'actionneur à partir des spécifications du cahier des charges [Makni 06]. Les équations physiques des différents phénomènes : magnétique, électrique, mécanique, de charge et thermique composant le modèle serviront à la description de la structure géométrique à partir de laquelle seront déterminées les performances de l'actionneur étudié.

Les entrées du modèle de conception sont principalement les performances souhaitées (pas élémentaire, nombre de modules statoriques ...) et les propriétés physiques des matériaux magnétiques (perméabilité magnétique, résistivité électrique, conductivité thermique...). Les sorties sont les dimensions géométriques et les caractéristiques électromagnétiques de l'actionneur (largeurs des dents mobiles et statoriques, épaisseur de la culasse, inductions magnétiques, force électromagnétique ...).

II.2. DIMENSIONNEMENT DE L'ACTIONNEUR

Lors de la phase de la conception, on tient compte des phénomènes physiques non linéaires et fortement couplés (magnéto-thermique, mécano-charge, magnéto-électrique, ...) pour déterminer toutes les caractéristiques géométriques et physiques de l'actionneur. Dans cette étape, on manipule des équations mathématiques qui relient les performances du système à concevoir.

II.2.1. Contrainte thermique

Les pertes dans une machine électrique, entraînant une élévation de la température de ses différentes parties, sont dues à la transformation d'une partie de l'énergie électrique fournie par l'alimentation en chaleur, ainsi qu'aux les matériaux ferromagnétiques, soumis à des flux variables ; qui s'échauffent à cause des courants de Foucault et de l'hystérésis [Saidi 10 d], [Mayé 00], [Grellet 97]. En conséquence, un échauffement excessif peut amener à la détérioration des matériaux isolants des enroulements statoriques, provoquant ainsi l'affectation du fonctionnement normal de l'actionneur [Mayé 00], [Régnier 03].

En ne considérant que les pertes joules dans l'élévation des échauffements et en supposant que ceux-ci s'effectuent principalement par convection pour un actionneur

---

incrémental tubulaire linéaire. La densité de courant s'écrit en régime thermique permanent par l'équation suivante [Ahmed 03], [Merzaghi 07] :

$$\delta = \sqrt{\frac{\Delta T_{max}\alpha S_{con}}{\rho_{cu}V_{cu}}} \qquad (II.1)$$

où ΔT_{max} est l'élévation de température maximale, α le coefficient d'échange thermique, S_{con} la surface d'échange thermique par convection, ρ_{cu} la résistivité du conducteur en cuivre et V_{cu} le volume de cuivre.

La condition thermique de l'équation (II.1) assure un comportement thermique acceptable et améliore les performances de l'actionneur à concevoir.

II.2.2. Caractéristique de la force de charge

L'actionneur linéaire incrémental à concevoir doit servir à piloter le piston de la seringue en présence des médicaments à perfuser. En effet, il doit être capable de développer une force de poussée égale à la force de charge sur chaque pas de déplacement, de 1 millimètre pour une course utile de 100 millimètres d'environ. C'est pourquoi il est nécessaire de procéder à la caractérisation de la force de charge.

La seringue médicale remplie d'un médicament à perfuser est maintenue horizontale. A l'extrémité du corps de la seringue est montée une aiguille qui peut être représentées par deux cylindres coaxiaux successifs, de sections S_n et S_s. Les diamètres de la seringue et de l'aiguille, D_s et D_n, sont suffisamment faibles au sein d'une section, pour pouvoir considérer la pression et la vitesse constants. Le fluide sortant de l'aiguille est à pression atmosphérique, et, le piston coulisse sans frottement dans le corps de la seringue pour pousser des médicaments non visqueux et visqueux qui ont respectivement des propriétés physiques d'un fluide parfait et d'un fluide réel respectivement [Baker 99], [Chen 02].

La figure II.1 présente le schéma descriptif de la seringue, ainsi que ses paramètres géométriques, leurs dimensions étant rassemblées dans le tableau II.1.

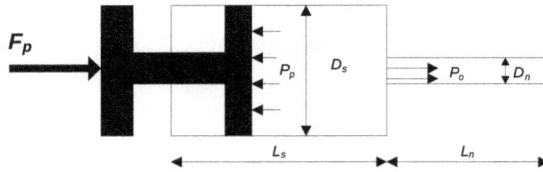

Figure II.1 : *Descriptif schématisé de la seringue étudiée*

Tableau II.1 : *Paramètres géométriques de la seringue d'étude*

Paramètres	Valeurs
Diamètre de l'aiguille D_n (mm)	0.3
Longueur de l'aiguille L_n (mm)	50
Diamètre de la seringue D_s (mm)	23
Longueur de la seringue L_s (mm)	60
Capacité de la seringue CC (ml)	60

II.2.2.1. Force de charge pour un médicament non visqueux

Le médicament non visqueux perfusé a la caractéristique d'un fluide incompressible parfait où la viscosité du médicament contenue dans la seringue est nulle. En effet, le profil de la vitesse est uniforme dans la section droite de l'écoulement [Faroux 99]. L'expression de la force de charge pour ce type d'écoulement est décrite par la relation suivante :

$$F_c = PS_s \tag{II.2}$$

P étant la pression exercée sur le piston et S_s la section de la seringue.

L'expression de la pression P à l'équilibre du piston à vitesse constante, est définie par [Grenier 08], [Saidi 10 b] :

$$P = P_p + P_{mus} - P_o \tag{II.3}$$

P_p étant la pression exercée à l'intérieur de la seringue sur le piston, figure II.1, P_{mus} la pression musculaire du malade et P_o la pression à la sortie de l'aiguille.

La pression P_p exercée sur le piston, est déterminée à partir de l'équation de Bernoulli pour un écoulement d'un fluide incompressible parfait par la relation suivante [Baker 99], [Wendell 06] :

$$\rho g z_1 + P_p + \frac{1}{2}\rho V_1^2 = \rho g z_2 + P_o + \frac{1}{2}\rho V_2^2 \tag{II.4}$$

ρ, g, z_1, z_2, V_1, V_2, sont respectivement la masse volumique du médicament à perfuser, l'accélération de la pesanteur, la hauteur de position dans la seringue, la hauteur de position dans l'aiguille, la vitesse du médicament dans la seringue et la vitesse à la sortie de l'aiguille.

Compte terme que la seringue est maintenue horizontale, on a : $z_1 = z_2$. La vitesse V_1 qui est telle que $V_1 = V_2$, est considéré nulle [Baker 99]. L'équation (II.4) peut ainsi être réécrite sous la forme suivante :

$$P_p = P_o + \frac{1}{2}\rho V_2^2 \tag{II.5}$$

L'expression de la vitesse du médicament à la sortie de l'aiguille est décrite par l'équation suivante [Faisandier 99] :

$$V_2 = \frac{4Q_v}{\pi D_n^2} \tag{II.6}$$

Q_v étant le débit volumique du médicament et D_n le diamètre de l'aiguille.

D'après les équations (II.2), (II.3), (II.5) et (II.6), l'expression de la force de charge pour un médicament non visqueux est donnée par [Saidi 10 c] :

$$F_c = \left\{ P_{mus} + \frac{8\rho Q_v^2}{\pi^2 D_n^4} \left(\frac{\pi D_s^2}{4} \right) \right\} \tag{II.7}$$

La figure II.2 illustre l'évolution de la force de charge en fonction du débit ; on remarque que le débit et la force de charge augmentent aussi. Il vient que, pour un débit Q_v de *99 ml/h* (dans le SI $Qv = 2.78\ e^{-8}\ m^3/s$), la force de charge *Fc* vaut *1.7 N*.

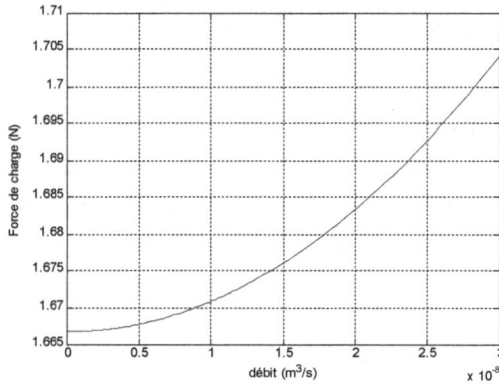

Figure II.2 : *Evolution de la force de charge en fonction du débit*

II.2.2.2. Force de charge pour un médicament visqueux

Le médicament visqueux perfusé a la caractéristique d'un fluide réel où la viscosité est non nulle ; les différentes couches du médicament au déplacement frottent, dans ce cas, les unes contre les autres et contre la paroi de la seringue et de l'aiguille, provoquant un dégagement de chaleur sous forme de perte, appelée perte de charge [Cao 08], [Azzoune 06].

L'expression de la force de charge pour ce type de médicament peut être déduite d'après l'équation (II.2), sachant que la pression P_p est déterminée à partir de l'équation de Bernoulli généralisé pour un fluide réel incompressible pour un régime d'écoulement laminaire, vu que les pousse-seringues utilisé dans le domaine médical ont un nombre de Reynolds est très inférieur à 2000 [Warzée 04].

L'équation de Bernoulli généralisée est la suivante [Chen 02], [Cao 08] :

$$\rho g z_1 + P_p + + \frac{1}{2} \rho \frac{V_1^2}{\alpha_1} = \rho g z_2 + P_o + \frac{1}{2} \rho \frac{V_2^2}{\alpha_2} + \Box \, F \qquad (II.8)$$

α_1 est le facteur de correction d'énergie cinétique à l'interface air-fluide, α_2 le facteur de correction d'énergie cinétique à la sortie de l'aiguille et $\Box \, F$ les pertes de charge.

La somme des forces $\Box \, F$ est due aux pertes de charge linéaire et singulière de la seringue. Elle peut être exprimée par [Chen 00], [Faroux 99] :

$$\square \quad F = \frac{\Delta P}{\rho} + K_c \frac{V_2^2}{2} \tag{II.9}$$

K_c étant le coefficient de perte de charge singulière et ΔP la perte de charge linéaire.

D'après la loi de Poiseuille, pour un régime d'écoulement laminaire, dans une conduite supposée cylindrique horizontale, les pertes de charge linéaire est donnée par l'équation suivante [Chen 00], [Faisandier 99] :

$$\Delta P = \mu \frac{128 Q_v L_n}{\pi D_n^4} \tag{II.10}$$

μ étant la viscosité dynamique du médicament.

D'après les équations (II.8), (II.9) et (II.10), l'expression de la pression P_p peut donc être réécrite sous la forme suivante :

$$P_p = P_o + \frac{1}{2} \frac{\rho V_2^2}{\alpha_2} + \Delta P + \frac{1}{2} \rho K_c V_2^2 \tag{II.11}$$

D'après les équations (II.2), (II.3) et (II.11), l'expression de la force de charge F_c dépend des pertes de charge linéiques dissipées dans le corps de l'aiguille et des pertes de charge singulière provoquée par l'obturation du médicament suite au rétrécissement de la section réduite au niveau de l'orifice de l'aiguille [Saidi 10 b] ; elle s'exprime par :

$$F_c = \left(P_{mus} + \frac{16 \rho Q_v^2}{\pi^2 D_n^4} + \mu \frac{128 Q_v L_n}{\pi D_n^4} + \frac{8 \rho K_c Q_v^2}{\pi^2 D_n^4} \right) \left(\frac{\pi D_s^2}{4} \right) \tag{II.12}$$

La figure II.3 présente l'évolution de la force de charge en fonction du débit. Le débit augmentation et la charge sont des fonctions croissantes. En effet, pour un débit Q_v de *99 ml/h* (dans le SI *Qv = 2.78e⁻⁸ m³/s*) la force de charge *Fc* vaut *2 N*.

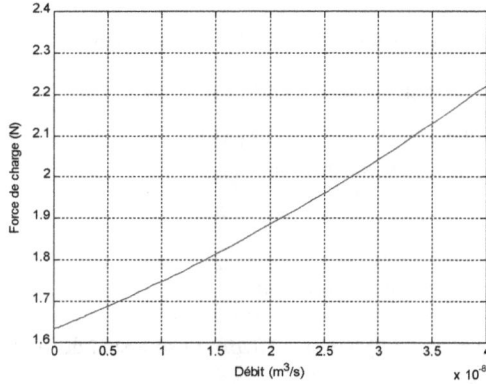

Figure II.3 : *Evolution de la force de charge en fonction de débit*

L'expression de la force de charge (II.12) n'est valable que dans le cas de perfusion des médicaments visqueux en régime laminaire où le nombre de Reynolds R_e p 2000. D'après (II.6) et (I.2), le débit de perfusion maximale dans ce régime en fonction du nombre de Reynolds est donné par :

$$Q_{v\max} = \frac{\pi \mu \, R_e \, D_n}{4\rho}$$
(II.13)

D'après la figure II.4, le débit maximal de perfusion pour un régime laminaire est $Q_v = 4.57 \cdot 10^{-8}$ m^3/s ; or, le débit de perfusion du pousse-seringue ne dépassant pas $Q_v = 2.77 \cdot 10^{-8}$ m^3/s *(99ml/h)*, donc celle-ci doit être conçu pour perfuser des médicaments visqueux à un débit inférieur à $Q_v = 164.52$ *ml/h*.

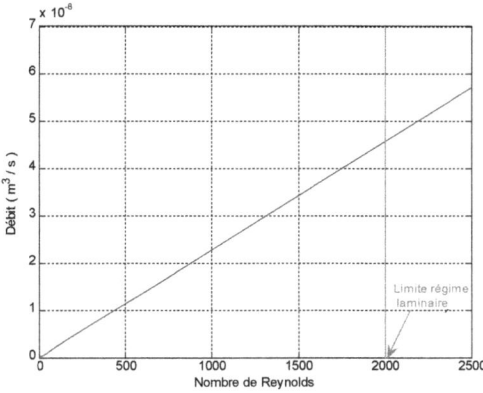

Figure II.4 : *Evolution du débit en fonction du nombre de Reynolds*

II.2.3. Synthèse

Afin d'assurer des perfusions pour les différents types de médicaments non visqueux et visqueux considérés et dans toutes les plages de variation de débit et d'utiliser toutes les gammes de seringue médicales, la force de poussée est choisie de *2* Newton ; or, l'actionneur incrémental fonctionne en boucle ouverte, on doit donc assurer une marge de sécurité sur la force de poussée par une majoration de *25 %* pour éviter le décrochage en cas d'occlusion ou de pincement. Nous retenons une force de poussée de *2.5* Newton pour déterminer les paramètres géométriques de l'actionneur.

II.3. LES PARAMETRES GEOMETRIQUES DE L'ACTIONNEUR

L'actionneur incrémental linéaire à réluctance variable a été retenu pour constituer l'objet de motoriser un pousse-seringue. Il est composé par une succession en cascade de quatre modules statoriques, A, B, C et D, séparés par des anneaux amagnétiques, figure II.5. La partie mobile de l'actionneur, portée en translation, est régulièrement dentée. Les dents du module statoriques et les encoches du mobile sont identiques et de même largeur. Ces caractéristiques assurent la régularité du pas. La force de poussée de l'actionneur est de *2.5 N* avec une course utile d'environ *100 mm* et un pas élémentaire de *1 mm*. La figure II.5, présente tous les paramètres géométriques de l'actionneur à déterminer, R_e étant le rayon moyen de l'entrefer, e l'épaisseur de l'entrefer, R_{ext} le rayon extérieur de la machine, e_c

l'épaisseur de la culasse, h_{dent} la hauteur de dents du mobile et c la séparation amagnétique entre les différents modules statoriques.

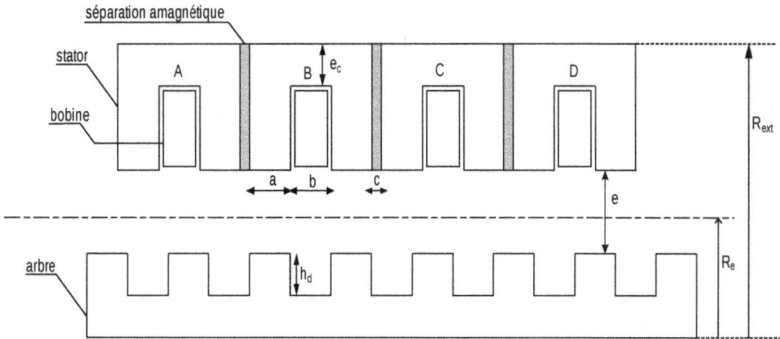

Figure II.5 : *Demi-coupe axiale du module élémentaire de l'actionneur d'étude*

Le pas dentaire de l'actionneur λ est lié au pas mécanique z_m par l'équation suivante [EL Amraoui 02 a] :

$$\lambda = nz_m \qquad (II.14)$$

Pour une structure quatriphasée choisie et un pas mécanique désiré z_m de *1 mm*, son pas dentaire λ est d'après l'équation (II.14) de *4 mm*. Les largeurs de dent a et d'encoche b sont liées au pas dentaire de l'actionneur par [El Amraoui 02 a] :

$$a + b = \lambda \qquad (II.15)$$

Si, de plus, elles sont choisies égales, il vient, *a=b=2 mm*.

La distance de séparation amagnétique c est décrite par l'équation suivante   [Missaoui 06], [El Amraoui 01] :

$$c = |4k - 1| \lambda \qquad (II.16)$$

La séparation amagnétique peut prendre de nombreuses valeurs ; nous choisissons le cas *k=0* pour lequel nous avons *c=1 mm*.

Le rayon extérieur de l'actionneur R_{ext} est à calculer à partir de l'expression de la force de poussée définie par [El Amraoui 02 e] :

$$F_z = \frac{\pi \mu_0 R_e \left(Ni \right)^2}{2e} \qquad (II.17)$$

R_e étant le rayon d'entrefer, Ni le nombre d'ampères tours, μ_0 la perméabilité magnétique de l'air.

L'expression du rayon d'entrefer optimal est donnée par [El Amraoui 02 b] :

$$R_e = \left(\sqrt{2}-1\right)\left(R_{ext}-e_c\right) \tag{II.18}$$

Le courant d'alimentation peut être exprimé en fonction de la densité surfacique de courant et de la section du fil de cuivre par :

$$i = \delta S_c \tag{II.19}$$

La section du fil conducteur est donnée par l'expression [El Amraoui 02 a] :

$$S_c = \frac{K_{bob}S_{bob}}{N} = \frac{K_{bob}b\left(R_{ext}-e_c\right)-\left(R_e+\frac{e}{2}\right)}{N} \tag{II.20}$$

K_{bob} étant est le coefficient de remplissage de la bobine d'alimentation, S_{bob} sa section et N le nombre de spires.

Ainsi, d'après les équations (II.1), (II.17), (II.18), (II.19) et (II.20) l'expression de la force de poussée devient [Saidi 10 d] :

$$F_z = \frac{\pi\mu_0 R_e}{2e}\frac{\alpha\Delta T_{max}S_{con}}{\rho_{cu}V_{cu}}k_{bob}b^2\left(R_{ext}-e_c\right)-\left(R_e+\frac{e}{2}\right) \tag{II.21}$$

La figure II.6, présente l'évolution de la force de poussée en fonction du rayon extérieur de l'actionneur. L'actionneur à concevoir, devenant avoir doit avoir une force de poussée de *2.5 N* correspond à une valeur du rayon extérieur de *42 mm*.

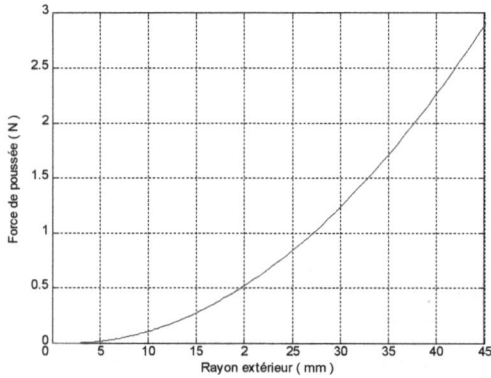

Figure II.6 : *Evolution de la force de poussée en fonction du rayon extérieur*

L'épaisseur de la culasse est choisie petite, vu la distribution radiale du flux dans l'actionneur ; une épaisseur de 3mm est retenue afin de répondre à une contrainte mécanique de rigidité. Le rayon moyen optimal d'entrefer, calculé à partir de l'équation (II.17), est par conséquent égal à *10 mm* et la hauteur des dents h_{dent} de la partie mobile est fixée à *2 mm*. Les dimensions géométriques du prototype sont rassemblées dans le tableau II.2.

Tableau II.2 : *Paramètres géométriques de l'actionneur*

Paramètres géométriques	Désignation	Dimension (mm)
Pas mécanique	z_m	1
Pas élémentaire	λ	4
Largeur d'encoche	a	2
Largeur de dent	b	2
Epaisseur de la séparation amagnétique	c	1
Epaisseur de la culasse	e_c	3
Rayon d'entrefer	R_e	16.15
Hauteur d'une dent du mobile	h_{dent}	2
Epaisseur de l'entrefer	e	0.1
Rayon extérieur	R_{ext}	42

II.4. CHOIX ET SPECIFICATION DU MATERIAU MAGNETIQUE

L'actionneur linéaire incrémental est caractérisé par deux sources de pertes : les pertes joule et les pertes fer [Chevailler 06] ; ces pertes influent sur la durée de fonctionnement de l'actionneur, il est important de tenir compte de ces pertes dans l'étape de conception.

D'une part, les pertes joule, créées dans les circuits électriques, influent directement sur le matériau isolant de la bobine [Mayé 00]. Afin de limiter les pertes, générées au sein des armatures des circuits magnétiques, on utilise généralement les alliages magnétiques sous forme de tôles isolées [Cyr 07]. Le choix des alliages dépend d'aspects techniques et économiques. Trois familles d'alliages ont percé le marché des matériaux laminés : les alliages Fer-Silicium, les alliages Fer-Cobalt et les alliages Fer-Nickel [Duhayon 02], [Alhassoun 05].

II.4.1. Modèle des pertes fer pour les circuits magnétiques en tôles

Les pertes fer se décomposent en deux termes : les pertes par hystérésis et les pertes par courant de Foucault [Bertotti 88]. La formulation des pertes fer est régie par l'équation analytique suivante [Hoang 95] :

$$P_{fer} = \left(k_{h1} \Delta B_{pp} + k_{h2} \Delta B_{pp}^2 \right) + \frac{1}{T} \int_0^T \alpha_p \left(\frac{dB}{dt} \right)^2 dt \qquad (\text{II.22})$$

k_{h1}, k_{h2}, α_p représentant les coefficients de pertes ferromagnétiques propres au matériau utilisé, généralement ils ont été déterminés à partir de données fournies par les constructeurs et ΔB la variation total de l'induction.

Dans le tableau II.3 sont consignées les valeurs de k_{h1}, k_{h2}, α_p pour des matériaux en tôles, déterminées ou données par les constructeurs [Hoang 95].

Tableau II.3 : *Les coefficients de pertes fer pour des matériaux magnétiques en tôles*

Matériau	Masse Volumique (Kg/m³)	ρ (Ωm)	Epaisseur de tôle (mm)	P_{fer}(W/Kg) F=50Hz B_m=1.5T	k_{h1} (A /m)	K_{h2} (A m/V s)	$α_p$ (A m/V)
Fe_Si 3%	7600	50 10⁻⁸	0.5	6.5	12	90	0.065
	7600	50 10⁻⁸	0.35	2.6	5	40	0.022
	7600	50 10⁻⁸	0.1	1.72	8	26	0.0028
Fe_Ni 50-50	8250	2510⁻⁸	0.1	0.84	0	14	0.0018
Fe_Co 49-49		40 10⁻⁸	0.1	3.65	88	32	0.0015

La tension d'alimentation de l'actionneur U, est rectangulaire en créneau, correspond à une forme d'induction triangulaire B [Hoang 95], figure II.7 ; la formulation des pertes fer peut être simplifiée pour aboutir à l'expression suivante :

$$P_{fer} = \left(k_{h1} B_m + k_{h2} B_m^2 \right) + \frac{1}{\alpha(1-\alpha)} \alpha_p B_m^2 f^2 \qquad (\text{II.23})$$

f étant la fréquence associée à la variation de l'induction, B_m la valeur maximale de l'induction et α l'inverse du nombre de phases m.

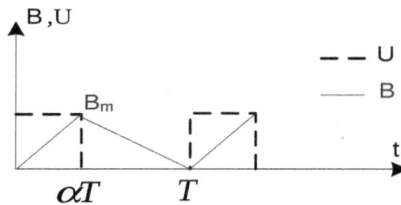

Figure II.7 : *Forme d'induction générée par une tension en créneau*

Les pertes fer totales, relatives à un module de système conçu, peut être exprimée par [Saidi 10 b] :

$$P_{fer} = \left\{ \left(k_{h1}B_{mc} + k_{h2}\left(B_{mc}\right)^2 \right) fV_c + \left(k_{h1}B_{ds} + k_{h2}\left(B_{ds}\right)^2 \right) fV_{ds} + \left(k_{h1}B_{dr} + k_{h2}\left(B_{dr}\right)^2 \right) fV_{dr} \right. $$
$$\left(k_{h1}B_a + k_{h2}\left(B_a\right)^2 \right) fV_a$$
$$+ \left. \frac{f^2 \alpha_p}{\left(1-\alpha\right)} \left(B_{mc}^2 V_c + B_{mds}^2 V_{ds} + B_{mdr}^2 V_{dr} + B_{ma}^2 V_a \right) \right\} \qquad (II.24)$$

II.4.2. Synthèse

A partir des matériaux ferromagnétiques présentés dans le tableau II.3, on choisit un matériau présentant un cycle d'hystérésis étroit à aires faibles exprimées par des coefficients k_{h1}, k_{h2} de valeurs faibles, afin de réduire les pertes par hystérésis. C'est ainsi que, le matériau Fe-Ni 50-50) à coefficient k_{h1} nul et des pertes par courant de Foucault faible est retenu comme matériau pour l'actionneur.

II.5. MASSE DE L'ACTIONNEUR

La description de la structure de l'actionneur est limitée à la géométrie des parties actives. La figure II.5 montre une demi-coupe, axiale du module élémentaire de l'actionneur, la plupart des paramètres géométriques étant donnée dans cette figure et leurs dimensions rassemblées dans le tableau II.2.

> **Masse de la partie mobile**

Comme le montre la figure II.5, la partie mobile a une géométrie relativement simple ; le choix étant porté sur l'égalité entre la largeur de l'encoche et la largeur de la dent, la partie mobile doit ainsi comporter vingt cinq dents régulièrement réparties. La partie ferromagnétique doux est une culasse cylindrique de rayon arbre R_a. La masse de la partie mobile est déterminée par la relation :

$$M_{mobile} = \rho_{Fe-Ni} V_{mobile} \qquad (II.25)$$

ρ_{Fe-Ni} étant la masse volumique du matériau Fer-Nickel et V_{mobile} le volume de la partie mobile.

D'après (II.24), la masse totale de la partie mobile est donnée par :

$$M_{mobile} = \rho_{Fe-Ni} n_{mr} \pi \left\{ \left(R_e - \frac{e}{2} \right)^2 - \left(R_e - \frac{e}{2} - h_{dent} \right)^2 \right\} a + \left(R_e - \frac{e}{2} - h_{dent} \right)^2 2\left(a+b \right) \right\} \qquad (II.26)$$

n_m étant le nombre de modules de la partie mobile, constitué de deux dents avec deux encoches, $n_m = 12$.

> ➤ **Masse du stator**

Le stator est formé d'un empilement de tôles du matériau Fer-Nickel. Les dents sont droites de largeur a, et l'encoche de la culasse statorique de largeur b. Au stator le nombre de dents, ou encore le nombre d'encoches, peut être calculé à partir du nombre de phases *m* (égal à 4 dans notre cas). La masse du stator est déterminée par la relation :

$$M_{stat} = \rho_{Fe-Ni} V_{stat} \qquad (II.27)$$

V_{stat} étant le volume du module statorique.

D'après (II.26), la masse totale du stator est donnée par :

$$M_{stat} = \rho_{Fe-Ni} n_{ms} \pi \left\{ \left(R_{ext}^2 - \left(R_{ext} - e_c \right)^2 \right) b + \left(R_{ext}^2 - \left(R_{ext} - e_c \right)^2 \right) 2a \right\} \qquad (II.28)$$

n_{mr} étant le nombre de module du stator, $n_{mr} = 4$.

> ➤ **Masse du cuivre**

Le bobinage de l'actionneur est à fils dont la répartition correspond à une encoche par phase. La masse de cuivre s'exprime par :

$$M_{cu} = \rho_{cu} V_{cu}$$

(II.29)

ρ_{cu} étant la masse volumique du cuivre et V_{cu} le volume du cuivre.

D'après (II.29), la masse de cuivre totale de l'actionneur est donnée par :

$$M_{cu} = \rho_{cu} n_{en} \pi \left\{ \left(R_{ext} - e_c \right)^2 - \left\{ e + \frac{e}{2} \right\} \right\}$$

(II.30)

n_{en} étant le nombre total des encoches de l'actionneur.

Les différentes masses relatives à l'actionneur linéaire incrémental conçu rassemblées dans le tableau II.4.

Tableau II.4 : *Masse totale de l'actionneur conçu*

	Masse (Kg)
Masse de la partie mobile	0.56
Masse du stator	0.16
Masse de cuivre	0.28
Masse totale de l'actionneur	1

II.6. ETUDE DES PERFORMANCES STATIQUES DE L'ACTIONNEUR CONCU PAR UN RESEAU DE RELUCTANCES

Le modèle par réseau de réluctances permet d'estimer les performances statiques de l'actionneur par la caractérisation de la force de poussée pour plusieurs positions et pour une variation de l'inductance. Il permet de valider globalement les exigences du cahier des charges.

II.6.1. Cas d'un modèle réseau de réluctances linéaire

Le modèle magnétique élaboré de l'actionneur est de type réseaux de réluctances. Étant donné que chaque réluctance est déterminée à partir de la répartition des tubes de flux à l'intérieur du circuit magnétique, la modélisation consiste à repérer les principaux tubes de flux, et à leur associer des réluctances dont les valeurs dépendent du matériau magnétique d'une part et de la géométrie du tube de flux d'autre part. Chaque réluctance est calculée à partir de la relation suivante [El Amraoui 02 a] :

$$\Re = \int_A^B \frac{dl}{\mu_i S} \tag{II.31}$$

Le circuit magnétique décrit par un module élémentaire de l'actionneur peut être modélisé par le réseau de reluctance, figure II.8, en supposant que la perméabilité du fer est constante et que les effets d'extrémités sont négligeables.

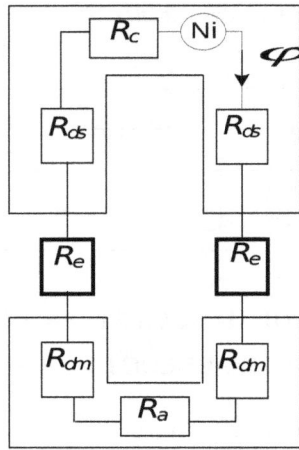

Figure II.8 : *Modèle réseau de réluctances d'un module élémentaire*

$\otimes_c$, $\otimes_a$, $\otimes_{ds}$, $\otimes_{dm}$ sont respectivement la réluctance de la culasse, celle de l'arbre du mobile, celle d'une dent du stator et celle d'une dent du mobile, $\square_e$ représente la réluctance d'entrefer proportionnelle à la zone de recouvrement entre une dent du mobile et d'une dent du stator et φ le flux créé dans le circuit magnétique.

II.6.1.1. Calcul de la force de poussée

La force de poussée est créée à partir de la variation de la réluctance d'entrefer. En effet, chaque changement de la position du mobile engendre une force calculée à partir de deux positions décalées entre elles de *2 %* de la largeur de dent. La force de poussée est calculée à partir de la formule suivante [Faucher 81] :

$$F(i,z) = \frac{1}{2} \prod_{air-gap} (Ni)^2 \frac{\Delta \square (z)}{\Delta z} \tag{II.32}$$

Ni étant le nombre d'ampères tours, $\Delta \square (z)$ la variation de la réluctance et Δz la variation de la position.

La figure II.9 présente l'évolution de la force de poussée en fonction du décalage ; la force est ainsi nulle lorsque les deux dents sont alignées, et maximale pour un décalage de *50 %* entre les dents statoriques et de la partie mobile. Le courant d'alimentation est de *88 Atr*.

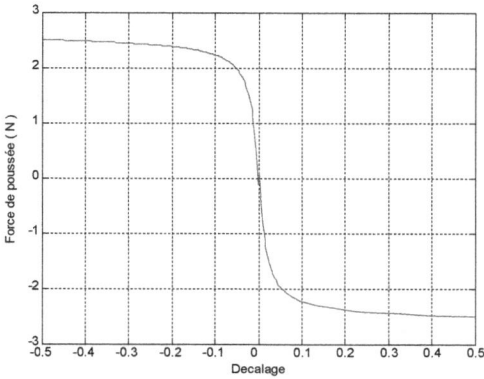

Figure II.9 : *Evolution de la force de poussée en fonction du décalage*

La figure II.10 présente l'évolution de la force de poussée en fonction du décalage, lorsque l'actionneur est alimenté à des différentes courants d'alimentation, l'amplitude de la force de poussée d'une phase est d'autant importante que l'élévation de l'intensité de courant.

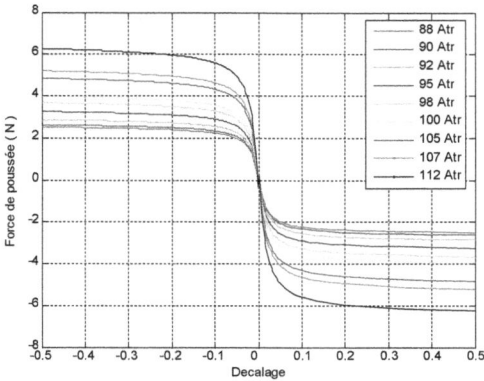

Figure II.10 : *Evolution de la force de poussée pour différentes excitations statoriques*

II.6.1.2. Calcul de l'inductance

Les inductances statoriques sont calculées à partir du modèle réseau de réluctances. Cette approche présente l'avantage de permettre le calcule analytique de l'inductance d'une phase L(z) à partir des dimensions géométriques [Polinder 02] :

$$L(z) = \frac{N^2}{\Box_{éq}}$$

(II.33)

N étant le nombre de spires du bobinage d'une phase et $\Box_{éq}$ la réluctance équivalente du circuit magnétique d'une phase donnée par :

$$\mathcal{R}_{éq} = \left(\mathcal{R}_c + 2\mathcal{R}_{ds} + 2\mathcal{R}_{dm} + 2\mathcal{R}_e + \mathcal{R}_a \right)$$

(II.34)

La figure II.11 présente la caractéristique de l'inductance en fonction du décalage pour un courant d'alimentation de *88 Atr*. Leurs maximums correspondent à la position alignée des dents et leurs minimums à la position en quinconce.

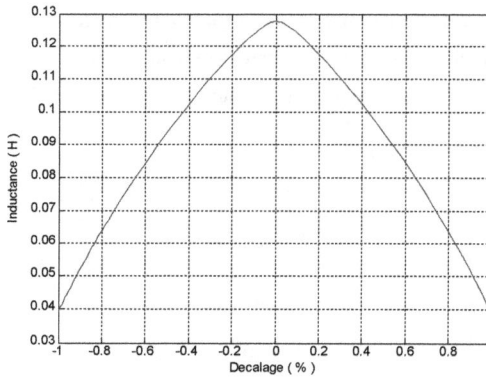

Figure II.11 : *Evolution de l'inductance en fonction du décalage*

D'après la figure II.12, l'amplitude de l'inductance d'une phase et sa valeur moyenne diminuent au fur et à mesure que le courant de phase augmente.

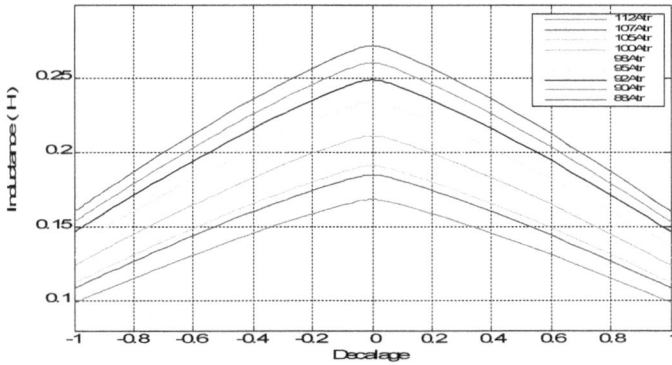

Figure II.12 : *Caractéristiques de l'inductance pour différentes excitations statoriques*

II.6.2. Cas d'un modèle réseau de réluctances non linéaire en tenant compte de l'effet d'extrémités

Dès que les matériaux ferromagnétiques, dépassent un certain niveau d'induction, la relation entre les champs *B* et *H* devient non linéaire et la valeur de la réluctance dépend ainsi de l'induction.

Le calcul des réluctances non linéaires dépend de la pente μ_i de la courbe moyenne de première aimantation, $B = \mu_i H$, approximée par l'expression suivante [Marroco 90] :

$$\frac{1}{\mu_i} = \frac{1}{\mu_0}\left(\varepsilon + (C - \varepsilon)\frac{B^{2\alpha}}{B^{2\alpha} + \tau} \right) \tag{II.35}$$

c, τ, α, et ε étant les coefficients à déterminer de telle sorte que la caractéristique *B(H)* construite analytiquement soit la plus proche possible de la caractéristique réelle.

Pour le matériau considéré Fe-Ni, les coefficients de l'équation II.35 sont [Saidi 10 a] : *ε = 1e-6, τ = 9.4e7, α = 5.17 et c = 1.35.*

La figure II.13 présente la caractéristique de première aimantation du matériau Fe-Ni 50-50 ainsi que celle obtenue tenant compte de l'équation II.34.

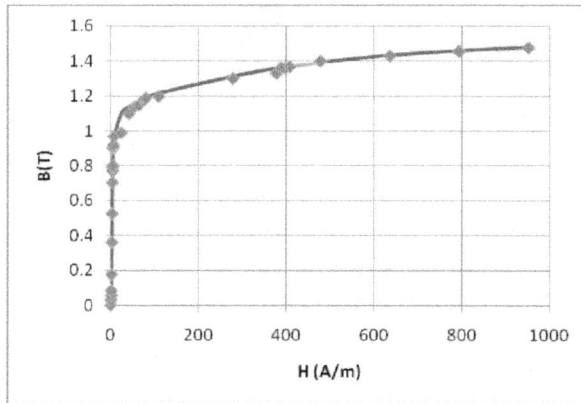

Figure II.13 : *Courbe de première aimantation du matériau Fe-Ni 50-50*

(-)BH, (◆) Courbe identifiée

L'actionneur linéaire incrémental conçu comporte quatre modules statoriques adjacents. Afin de s'approcher le plus possible des résultats réels, on tient compte des fuites magnétiques à travers les modules adjacents à celui qui est alimenté [Young 04]. Le nouveau modèle réseau de réluctances de l'actionneur est donné dans la figure II.14 ; les quatre modèles de réseau de réluctances retenus dépendent de la phase alimentée. Cette modélisation tenant compte des fuites d'encoches et des modules adjacents, améliore la précision du modèle analytique obtenu proche de la réalité physique de l'actiooneur [Saidi 10 a].

a. *Première phase alimentée*

b. *Deuxième phase alimentée*

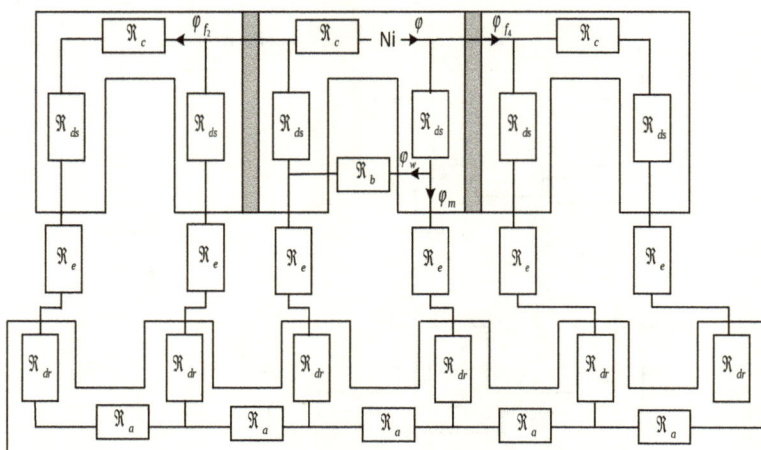

c. *Troisième phase alimentée*

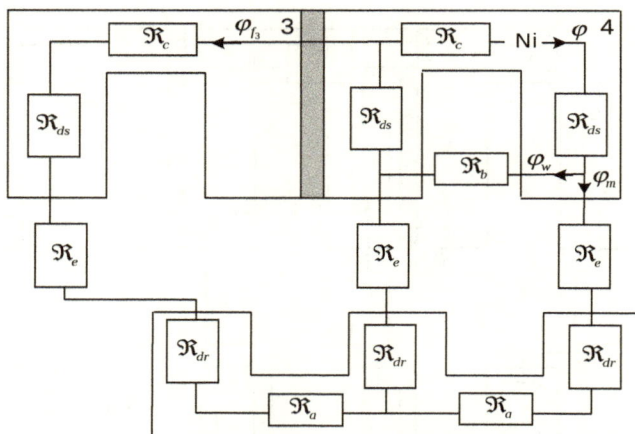

d. *Quatrième phase alimentée*

Figure II.14 : *Modèles réseaux de réluctances tenant compte des fuites d'encoche et des fuites à travers les autres modules*

II.6.2.1. Calcul de la force de poussée

L'expression de la force de poussée est déduite de l'équation (II.32) ; la figure II.15 présente l'évolution de la force de poussée des quatre phases alimentées successivement par un courant d'alimentation de *88 Atr*.

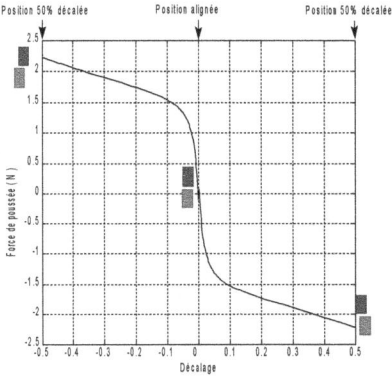

a. *Force de poussée de la première phase*

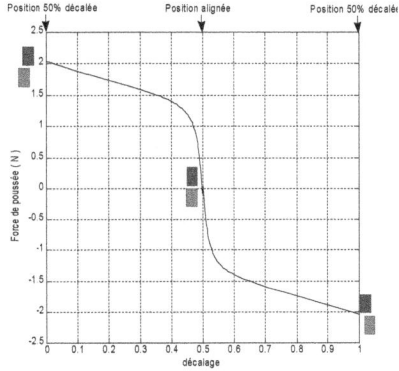

b. *Force de poussée de la deuxième phase*

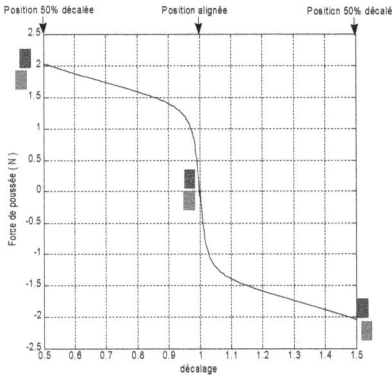

c. *Force de poussée de la troisième phase*

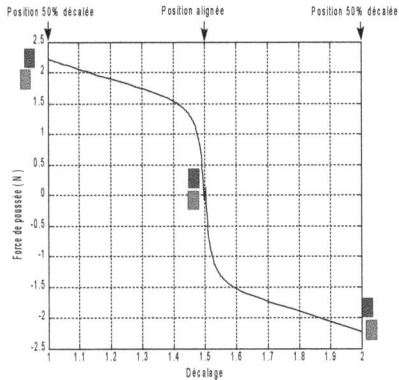

d. *Force de poussée de la quatrième phase*

Figure II.15 : *Caractéristiques statiques de la force électromagnétique*

D'après la figure II.15, l'effet des fuites magnétiques modifie considérablement les caractéristiques de force suivant que la bobine se trouve au centre du dispositif ou sur une extrémité ; il existe en effet une différence d'amplitude importante de plus de *14 %* entre les phases centrales (2,3) et d'extrémités (1,4) [Saidi 10 a]. La précision de positionnement de l'actionneur incrémental dépend de ces caractéristiques et nous devons tenir compte de la dissymétrie entre les phases pour pouvoir imposer un positionnement précis en boucle ouverte.

II.6.2.2. Calcul de l'inductance

La figure III.16 présente l'évolution de l'inductance pour une phase centrale et une phase d'extrémité pour un courant d'alimentation de *88 Atr*. Les valeurs de l'inductance sont d'autant plus importantes que l'effet d'extrémité est important.

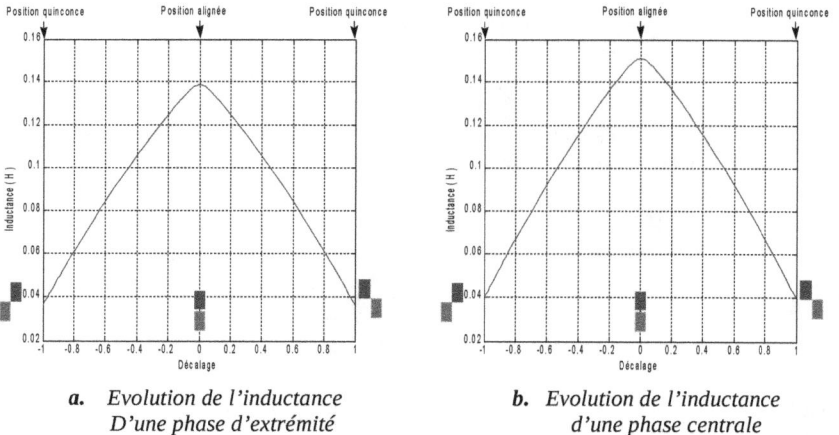

| a. Evolution de l'inductance D'une phase d'extrémité | b. Evolution de l'inductance d'une phase centrale |

Figure II.16 : *Evolutions des inductances*

II.7. ETUDE DES PERFORMANCES STATIQUES DE L'ACTIONNEUR CONCU PAR LA METHODE DES ELEMENTS FINIS

La méthode des éléments finis permet d'estimer avec une précision plusieurs caractéristiques électromagnétiques dont la force de poussée électromagnétique et l'inductance de l'actionneur. Les résultats correspondants obtenus peuvent valider le modèle conçu par les équations analytiques.

II.7.1. Formulation du problème électromagnétique

Les phénomènes électromagnétiques magnétostatiques sont régis par les équations aux dérivées partielles de Maxwell et les relations caractéristiques du milieu considéré. D'après l'équation de Maxwell on a :

$$div\,\vec{B} = 0 \tag{II.36}$$

Le vecteur induction magnétique $\vec{B}$ s'écrit en fonction de potentiel magnétique $\vec{A}$ à partir de l'équation suivante [Meunier 88] :

$$\vec{B} = rot\,\vec{A} \tag{II.37}$$

D'après l'hypothèse de jauge de Coulomb, le problème magnétostatique à résoudre est le suivant [Nathan 92] :

$$rot\left(\frac{1}{\mu}\,rot\,\vec{A}\right) = \vec{J} \tag{II.38}$$

$\vec{J}$ étant le vecteur de la densité du courant, $\vec{A}$ n'a alors qu'une seule composante A_θ dans le repère axisymétrique $\left(\vec{u_r}, \vec{u_\theta}, \vec{u_z}\right)$.

L'équation (II.38), appliquée aux actionneurs linéaires tubulaires sans révolution, conduit à la relation suivante [Reece 00] :

$$\frac{\partial}{\partial r}\left(\frac{\partial\left(r\vec{A}\right)}{\partial r}\right) - \frac{\partial}{\partial z}\left(\frac{\partial\left(r\vec{A}\right)}{\partial z}\right) = \vec{J} \tag{II.39}$$

Le maillage de la structure de l'actionneur quatriphasée réalisé sur le logiciel Opera-2D de « Vector Fields » est présenté par la figure II.17. Il est choisi dense et régulier, sous forme de deux bandes de triangles rectangles juxtaposées au niveau de l'entrefer et libre à l'extérieur de celui-ci.

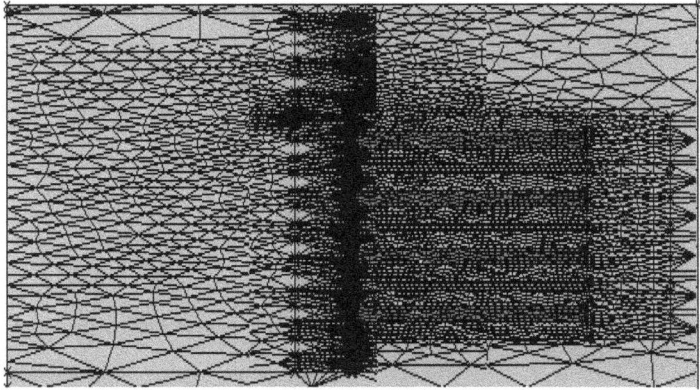

Figure II.17 : *Maillage éléments finis de l'actionneur conçu*

II.7.2. Distribution du champ magnétique de l'actionneur

La distribution du flux magnétique pour les quatre phases de l'actionneur est donnée par les figures (II.18) et (II.19). Premièrement la phase 1 est alimentée, figure 19 a, afin d'aligner les dents statoriques et les dents du mobile. Ensuite, la phase 2 sera alimentée, figure 18 a, puis la phase 3, figure 18 b et finalement la phase 4, figure 19 b, pour réaliser une période électrique.

Les figures (II.18) et (II.19) montrent une dissymétrie magnétique importante entre les phases centrales et les phases extrêmes, cette dissymétrie est due principalement aux effets d'extrémités et à la saturation du circuit magnétique [Saidi 10 a]. Ces figures montrent des fuites magnétiques à travers les phases adjacentes de la phase alimentée de l'actionneur malgré l'existence de séparateurs amagnétiques entre celles-ci. Ces fuites créent des forces parasites qui réduisent la force électromagnétique de l'actionneur [Saidi 10 a].

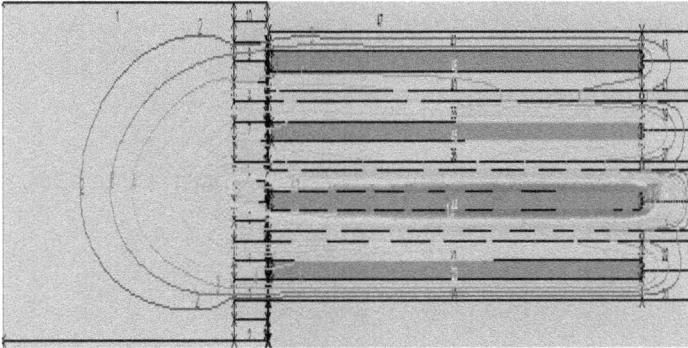

a. *Deuxième phase alimentée*

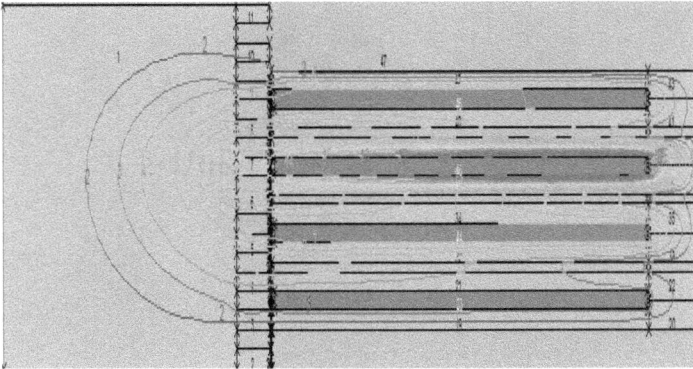

b. *Troisième phase alimentée*

Figure II.18 : *Distribution de l'induction et des lignes de flux dans les phases centrales de l'actionneur*

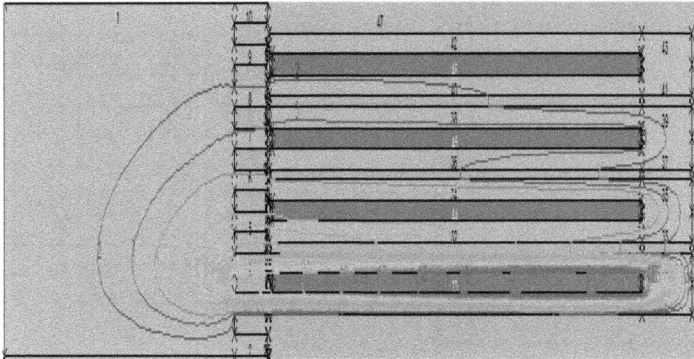

a. *Première phase alimentée*

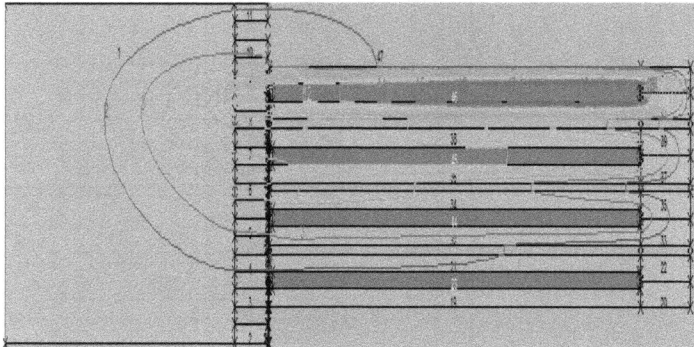

b. *Quatrième phase alimentée*

Figure II.19 : *Distribution de l'induction et des lignes de flux dans les phases extrêmes de l'actionneur*

II.7.3. Calcul de la force de poussée électromagnétique

La force de poussée électromagnétique obtenue à partir du tenseur Maxwell, est déduite de l'expression suivante [El Amraoui 02 b], [Binns 92], [Hu 02], [Nathan 92] :

$$\frac{d\vec{F}}{dS} = -\frac{\mu_0}{2} H^2 \vec{n} + \mu_0 (\vec{H}\vec{n})\vec{H} \tag{II.40}$$

dS étant une surface élémentaire à l'intérieur de l'entrefer, μ_0 la perméabilité magnétique de l'air, $\vec{H}$ l'intensité du champ magnétique et $\vec{n}$ une unité normale.

L'expression de la surface élémentaire à l'intérieur de l'entrefer dS est donnée en fonction du déplacement dz par :

$$dS = Rd\theta dz \tag{II.41}$$

R étant le rayon du cylindre, $d\theta$ la variation angulaire élémentaire et dz le déplacement longitudinal élémentaire.

A l'intérieur de la région de l'entrefer, le vecteur d'induction $\vec{B}$ est donné par [El Amraoui 02 f] :

$$\vec{B} = \mu_0 \vec{H} = B_r \vec{u}_r + B_z \vec{u}_z \tag{II.42}$$

B_r est la composante radiale du vecteur induction et B_z la composante axiale du vecteur d'induction magnétique.

La composante de la pression magnétique est, dans ce cas, donnée par l'équation suivante :

$$\left(\frac{dF}{dS}\right)_z = \frac{1}{\mu_0} B_r B_z \tag{II.43}$$

Il vient alors l'expression de la force de poussée électromagnétique F_z [El Amraoui 02 b] :

$$F_z = \frac{2\pi}{\mu_0} R \int B_r B_z \, dz \tag{II.44}$$

L'expression (II.44) permet de tracer la caractéristique de la force électromagnétique en fonction du décalage, figures (II.20) et (II.21).

L'actionneur peut développer une force électromagnétique de *1.78 N* si on alimente les bobines centrales (2,3) et *2.2 N* si les bobines d'extrémités (1,4) sont alimentées, avec un courant d'alimentation *88 Atr*. Cette différence d'amplitudes est due aux effets d'extrémités. Pour les simulations réalisées, la non-linéarité matérielle est prise en considération.

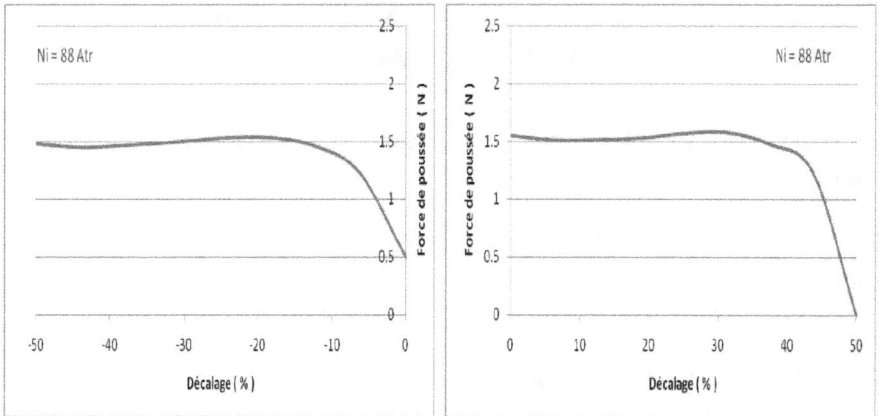

a. *Deuxième phase alimentée*   **b.** *Troisième phase alimentée*

Figure II.20 : *Caractéristiques statiques de la force électromagnétique dans les phases centrales de l'actionneur*

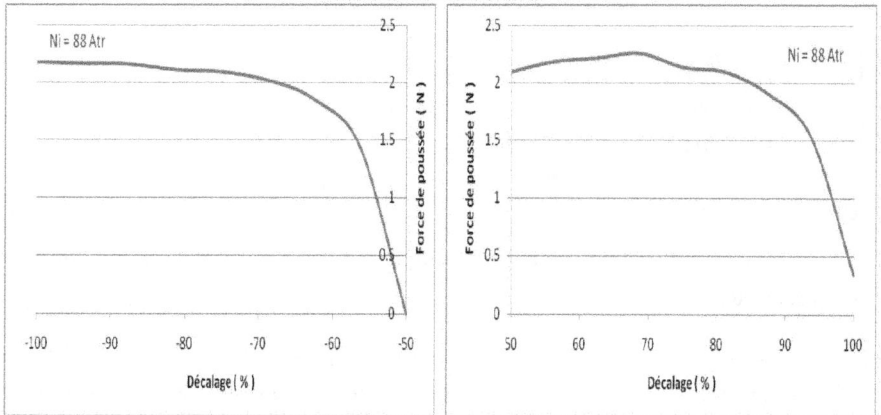

c. *Première phase alimentée*   **d.** *Quatrième phase alimentée*

Figure II.21 : *Caractéristiques statiques de la force électromagnétique dans les phases d'extrémité de l'actionneur*

Les deux caractéristiques des forces présentées dans les figures (II.20), (II.21) et (II.15) montrent une bonne concordance entre les résultats obtenus à partir du réseau de réluctances et du modèle éléments finis.

II.7.4. Calcul de l'inductance

La résolution des équations de Maxwell permet de calculer les flux dans les phases statoriques de l'actionneur, l'expression de l'inductance de la phase est donnée par :

$$L = \frac{\Phi}{I} \qquad \text{(II.45)}$$

Φ étant le flux magnétique et I le courant d'alimentation d'une phase.

Le calcul du flux dans la phase s'effectue par intégration du potentiel vecteur A multiplié par la densité de courant :

$$\Phi = 2\pi \int r A_\theta dr \qquad \text{(II.46)}$$

Vu que la densité du courant d'une bobine est uniforme pour une surface S_b, le flux est réécrit sous la forme suivante :

$$\Phi = \frac{1}{S_b} \int_{S_b} 2\pi r A_\theta dr dz \qquad \text{(II.47)}$$

La figure II.21 présente la variation de l'inductance pour une phase centrale et une phase d'extrémité en fonction de l'évolution de la position du mobile denté, le courant d'alimentation étant 88Atr.

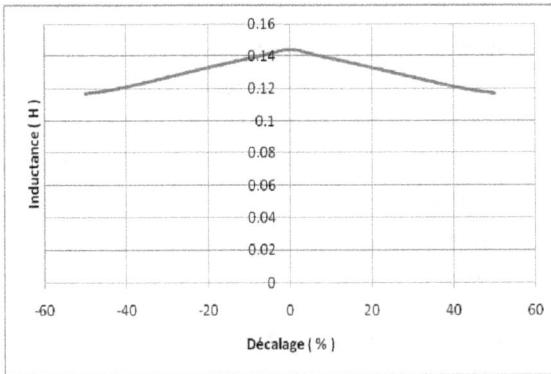

a. *Evolution de l'inductance de l'actionneur pour une phase centrale*

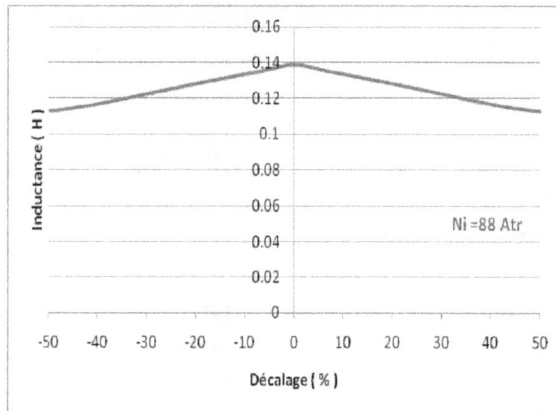

b. *Evolution de l'inductance de l'actionneur pour une phase d'extrémité*

Figure II.22 : *Variations de l'inductance de l'actionneur*

II.7.5. Synthèse

Les caractéristiques statiques de l'actionneur, figure (II.14) (II.15), (II.19), (II.20), (II.21), montrent une bonne concordance entre les résultats obtenus à partir de la méthode de réseau de réluctances et la méthode éléments finis pour le calcul de la force et de l'inductance mais avec une erreur relative globalement inférieure à *10%*. Cette précision est acceptable dans la mesure où ce modèle est élaboré pour le dimensionnement de l'actionneur.

La méthode de réseau de réluctances est jeu coûteuse sur le plan temps de simulation pour le calcul de la force et de l'inductance.

II.8. AMELIOARTION DU COMPORTEMENT STATIQUE DE L'ACTIONNEUR CONCU

II.8.1. Action sur l'alimentation

La modélisation de la force de poussée par la méthode des éléments finis a permis de mettre en évidence des dissymétries importantes entre les phases centrales et les phases d'extrémités de l'actionneur en régime de saturation magnétique et en tenant compte des effets de bords . Pour cela, afin de réguler le comportement magnétique des quatre phases statoriques, nous avons opté pour l'alimentation des phases extrêmes par *88 Atr* et les phases centrales par *94 Atr* [Saidi 10 a], la grandeur de force devient la même pour les quatre phases statoriques, figures (II.22) et (II.23).

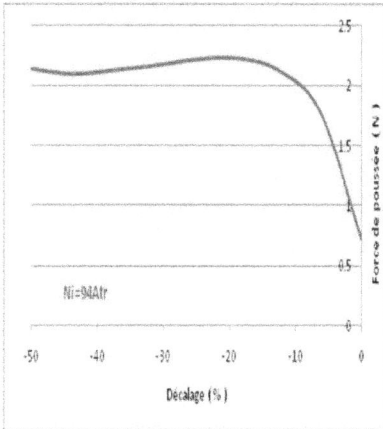

a. *Deuxième phase alimentée* b. *Troisième phase alimentée*

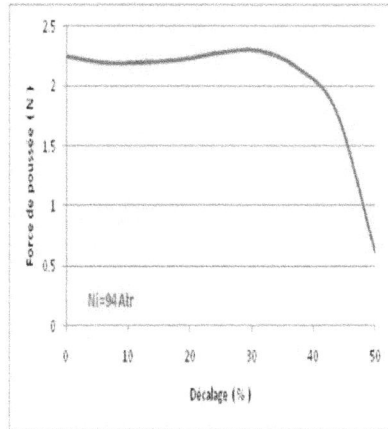

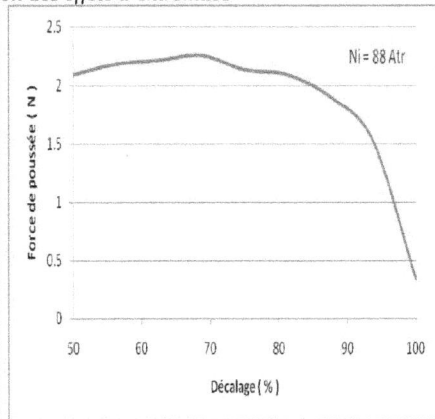

Figure II.23 : *Caractéristiques statiques de la force électromagnétique dans les phases centrales avec compensation des effets d'extrémités*

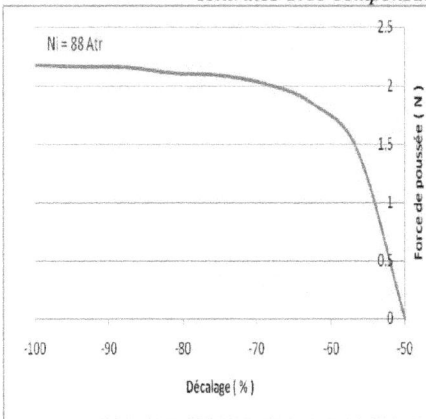

c. *Première phase alimentée* d. *Quatrième phase alimentée*

Figure II.24 : *Caractéristiques statiques de la force électromagnétique dans les phases extrêmes de l'actionneur*

II.8.2. Action sur la structure par l'élargissement de la distance amagnétique

La distribution du flux magnétique varie avec l'augmentation de la distance amagnétique pour un actionneur incrémental linéaire tubulaire [Missaoui 06]. La figure II.25 montre que les flux de fuites diminuent lorsque on a augmenté la séparation amagnétique (*c=3 mm*) pour un courant d'alimentation *88 Atr*, l'effet d'extrémités a diminué, d'où l'amélioration de l'amplitude de la force de poussée électromagnétique.

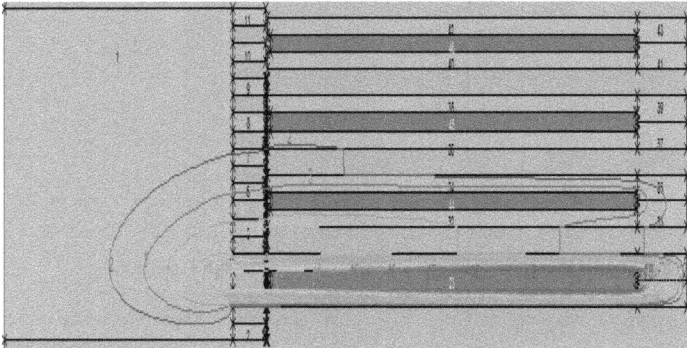

a. Première phase alimentée

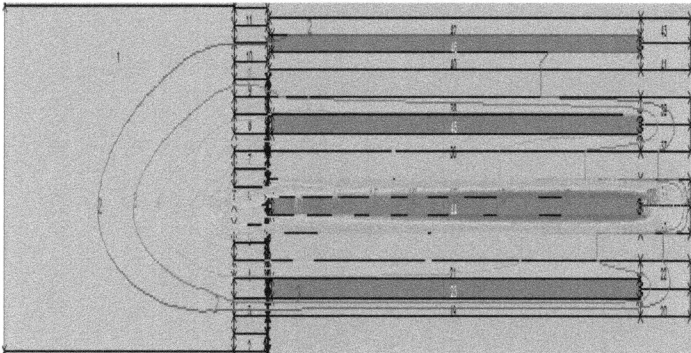

b. Deuxième phase alimentée

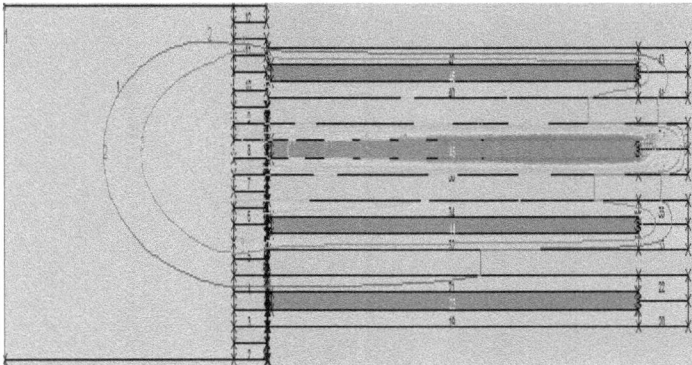

c. *Troisième phase alimentée*

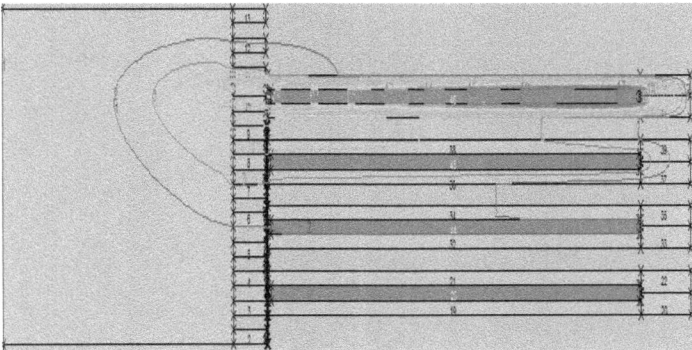

d. *Quatrième phase alimentée*

Figure II.25 : *Distribution de l'induction et des lignes de flux dans les quatre phases de l'actionneur*

Les caractéristiques de force de poussée obtenues par les phases centrales figures (II.26) et d'extrémité figures (II.27) sont semblables avec celle des caractéristiques de force de poussée avec une distance amagnétique (*c=1 mm*), figures (II.20) et (II.21), mais de plus ils sont en plus élevées avec l'agrandissement de la distance amagnétique (*c=3 mm*) pour une alimentation de *88 Atr*.

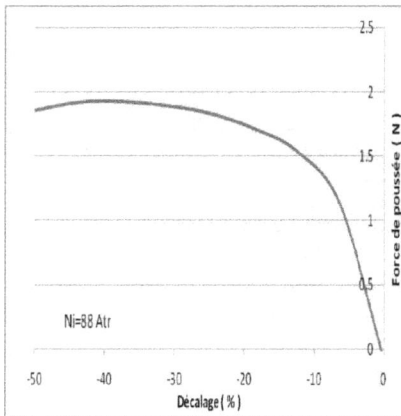

a. *Deuxième phase alimentée*   **b.** *Troisième phase alimentée*

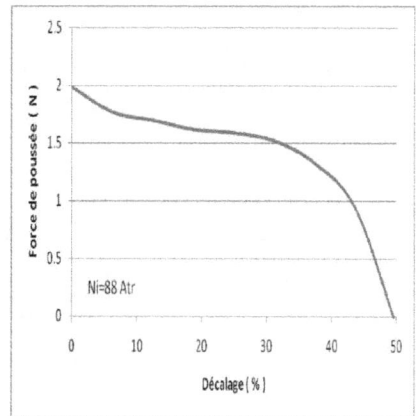

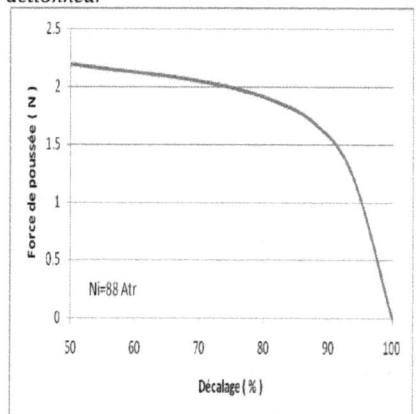

Figure II.26 : *Caractéristiques statiques de la force électromagnétique dans les phases centrales de l'actionneur*

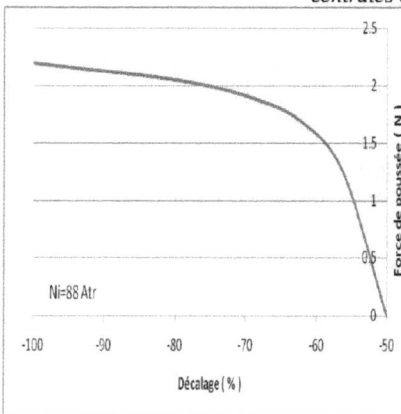

a. *Première phase alimenté*   **b.** *Quatrième phase alimenté*

Figure II.27 : *Caractéristiques statiques de force électromagnétique dans les phases d'extrémité de l'actionneur*

Le tableau II.5 résume les forces de poussée électromagnétique des phases centrales et extrêmes, dont nous remarquons une différence importante entre l'amplitude des force obtenue pour une séparation amagnétique ($c=1$ mm) et ($c=3$ mm).

Tableau II.5 : *Evolution de la force de poussée électromagnétique*

Séparation amagnétique phase	c=1mm	c=3mm
1	2.23	2.38
2	1.68	1.93
3	1.73	1.98
4	2.22	2.32

II.9. CONCLUSION

Un modèle analytique de dimensionnement d'un actionneur linéaire incrémental tubulaire a été proposé. Les équations mathématiques caractérisant le modèle décrivent la structure géométrique et les principales propriétés physiques du système tout, en tenant compte des contraintes thermique, de charges et magnétiques.

Une analyse a été faite sur les facteurs influant sur les performances statiques de l'actionneur (saturation magnétique, effets d'extrémités) par la méthode de réseau de réluctances pour que la modélisation de l'actionneur reste représentative de la réalité physique. Ces performances statiques caractérisent l'évolution de la force de poussée et de l'inductance en fonction du courant d'alimentation et de la position relative des dentures.

L'étude en magnétostatique non linéaire par le logiciel de conception assistée par ordinateur « Opéra 2D » a validé par chemin inverse des résultats obtenus par la méthode de réseaux de réluctances.

Le modèle analytique élaboré, complètement paramétré, peut être appliqué pour dimensionner d'autres actionneurs incrémentaux linéaire tubulaires à réluctance variable.

CHAPITRE III :

MODELISATION MULTIDISCIPLINAIRE ET LISSAGE DU MOUVEMENT DES ACTIONNEURS LINEAIRES INCREMENTAUX TUBULAIRES

CHAPITRE III :

MODELISATION MULTIDISCIPLINAIRE ET LISSAGE DU MOUVEMENT DES ACTIONNEURS LINEAIRES INCREMENTAUX

Sommaire

III.1. INTRODUCTION

Dans ce chapitre, nous présentons des modèles analytiques et semi-analytiques pour la modélisation multidisciplinaire de l'actionneur de motorisation du pousse-seringue étudié. De nombreux phénomènes interagissent entre eux dans cet actionneur : électrique, magnétique, mécanique, thermique et charge.

La première partie de ce chapitre est consacrée à la description des modèles électrique, thermique et magnétique pour mettre en exergue les couplages magnéto-thermique et thermo-électrique.

La deuxième partie est consacrée à la description des modèles mécanique, magnétique et charge, pour l'étude du couplage magnéto-mécano-charge.

La troisième partie est consacrée au couplage de ces modèles et à la commande du modèle global.

III.2. MODELISATION MULTIDISCIPLINAIRE DE L'ACTIONNEUR LINEAIRE TUBULAIRE INCREMENTAL

Le modèle multidisciplinaire représente les phénomènes physiques spécifiques dans un actionneur linéaire tubulaire incrémental. Il est composé de cinq modèles interagissant entre eux, figure III.1. D'abord, le modèle magnétique de base, permet de déterminer : l'évolution de la force de poussée électromagnétique, l'inductance d'enroulement statorique, le flux magnétique, l'induction dans l'entrefer etc. Ensuite, le modèle électrique permet de déterminer l'évolution dynamique des courants statoriques, le modèle thermique, l'évolution de la température de l'actionneur et le modèle mécanique l'identification la réponse en position.

Ces modèles étant couplés, on distingue deux types de couplage ; d'une part, des couplages forts entre les modèles magnétique et thermique et entre les modèles électrique et thermique, et d'autre part, des couplages faibles entre les modèles magnétique et mécanique et entre les modèles électrique et magnétique.

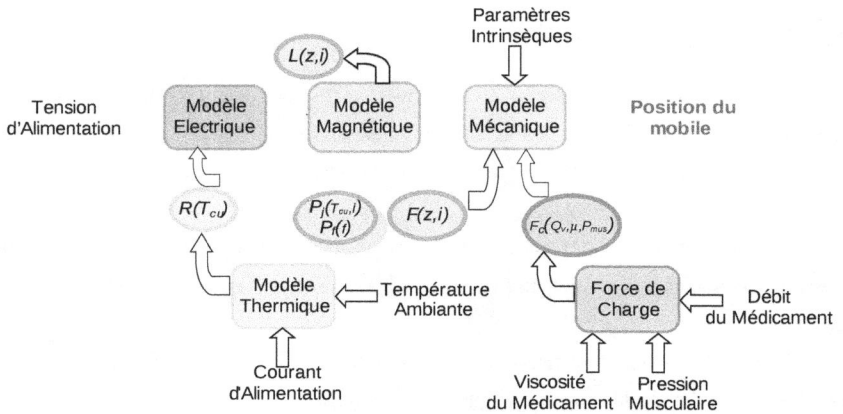

Figure III.1 : *Modèle multidisciplinaire de l'actionneur linéaire tubulaire incrémental*

III.3. MODELE THERMO-MAGNETO-ELECTRIQUE

La prise en compte des phénomènes thermiques constitué actuellement une problématique d'actualité. Les performances des actionneurs dépendent, en effet de la variation de la température vu son impacte sur la durée de vie de l'actionneur [Mayé 00]. Dans cette partie, on s'intéresse au couplage magnéto-thermique et au couplage thermo-électrique.

III.3.1. Description du modèle thermo-magnéto-électrique

Le modèle thermo-magnéto-électrique est composé : d'un modèle magnétique, d'un modèle thermique et d'un modèle électrique, figure III.2 ; chaque modèle caractérisant un aspect spécifique.

Les couplages entre ces modèles ont été développés et résolus par simulation sous l'environnement Matlab/Simulink.

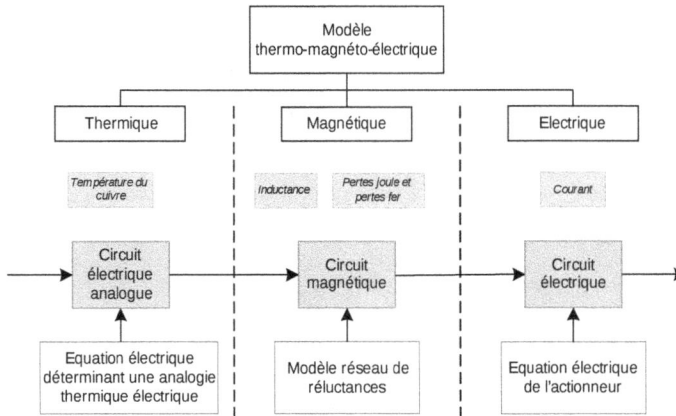

Figure III.2 : *Modèle thermo-magnéto-électrique*

III.3.2. Couplage magnéto-thermique

Le couplage magnéto-thermique caractérise l'évolution de la température des matériaux lors de la variation des pertes dans le matériau magnétique et dans le cuivre. Son étude montre son importance, vu que la réduction de *10 K* de la température peut doubler la durée de vie de l'isolant.

Ce couplage illustrant la dépendance entre les phénomènes magnétique et thermique, est résolu suivant un couplage fort à partir de l'équation (III.1).

III.3.2.1. Modèle thermique

Les actionneurs électriques portant des bobinages uniquement sur le stator (actionneur incrémental, machine à courant continu sans balais) sont considérés des systèmes à un corps, le flux total généré dans l'actionneur étant évacué par convection naturelle vers le milieu ambiant à travers la surface externe [Mayé 00], [Merzaghi 07]. L'entrefer pour ce type d'actionneur est considéré comme une barrière thermique, les pertes à la partie mobile étant très négligeables (pas de courant ni de variation de flux) ; ce qui signifie que les pertes à la partie mobile n'auront pas d'incidence sur l'échauffement du cuivre [Sesanga 09], [Multon 93].

III.3.2.2. Mise en équations

Le modèle thermique de l'actionneur présenté dans la figure III.3 analogue à un schéma électrique, est alors du premier ordre [Mayé 00], [Mester 06]. Il est modélisé par une résistance thermique qui est équivalente à la résistance électrique, les pertes joule et les pertes fer étant considérées comme des sources de courant et la température à un nœud équivalente à un potentiel.

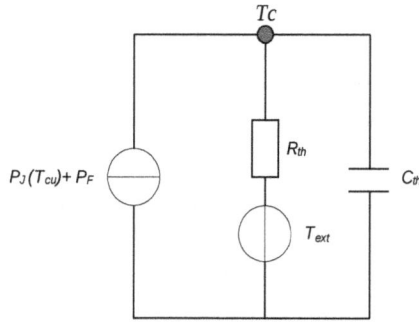

Figure III.3 : *Modèle thermique*

La température de l'actionneur en dynamique selon le schéma thermique, figure III.3, est défini par [Mester 05] :

$$T_c(t) = T_{ext} + R_{th}\left(P_J(T_{cu}) + P_F - C_{th}\frac{dT_c}{dt} \right) \tag{III.1}$$

T_{ext} étant la température ambiante, R_{th} la résistance thermique de convection, C_{th} la capacité thermique et $P_j(T_{cu})$, P_f respectivement les pertes joules et les pertes fer.

La résistance thermique à cet échange convectif est donnée par l'expression suivante [Bertin 99] :

$$R_{Th\_conv} = \frac{1}{h_{conv}\,S_{ext}} \tag{III.2}$$

h étant le coefficient d'échange par convection naturelle et S_{ext} la surface extérieure de l'actionneur.

La capacité thermique est par ailleurs donnée par [Régnier 03] :

$$C_{th} = C_{cu}M_{cu} + C_{Fe-Ni}M_{Fe-Ni} \tag{III.3}$$

C_{cu} étant la capacité thermique du cuivre, M_{cu} la masse du cuivre, C_{Fe-Ni} la capacité thermique du matériau $Fe-Ni$ et M_{Fe-Ni} la masse du matériau $Fe-Ni$.

Les pertes joule et les pertes fer sont considérées comme des sources de chaleur dans l'actionneur [Chevailler 06]. Elles peuvent être calculées à partir du modèle magnétique en tenant compte de la variation de température du cuivre dans l'expression des pertes.

L'expression des pertes joule développée par l'enroulement de l'actionneur est en fonction de la densité de courant, de la section du cuivre et de la résistance d'une bobine de phase ; elle est donnée par [Saidi 10 b] :

$$P_J \left(T_{cu} \right) = R(T_{cu})i^2 = R(T_{cu})J^2 S_c^2 \tag{III.4}$$

La figure III.4 présente la variation des pertes joule en fonction de la variation de la température du cuivre pour un courant d'alimentation de *88 Atr*. Les pertes augmentent avec la température.

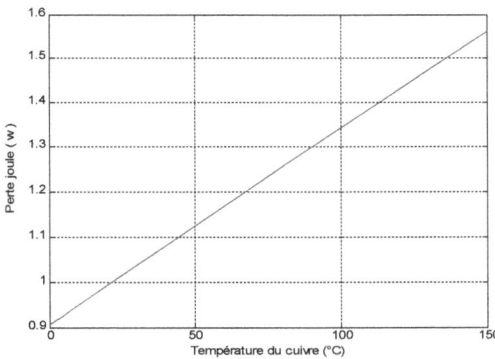

Figure III.4 : *Variation des pertes joule en fonction de la température du cuivre*

La figure III.5 montre l'évolution des pertes fer en fonction de la fréquence de commande ; ces pertes sont faibles vu que nous avons choisi le matériau magnétique caractérisé Fe-Ni 50-50 caractérisé par un cycle d'hystérésis étroit à aires faibles ayant les coefficients k_{h1} et k_{h2} et α_p de valeurs très faibles [Makni 05], [Hoang 95].

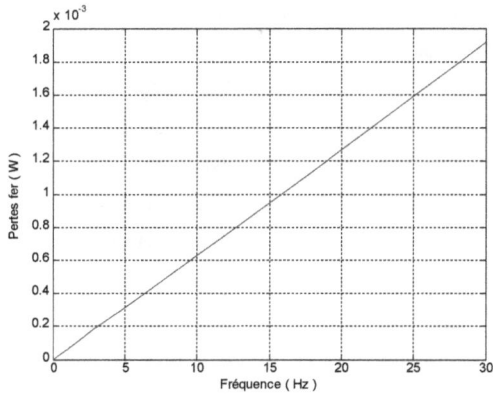

Figure III.5 : *Variation de pertes fer en fonction de la fréquence de commande*

Seules les pertes joule étant ainsi considérées comme source de chaleur, l'équation III.1 devient [Saidi 10 b] :

$$T_{cu}(t) = T_{ext} + R_{th} \left\{ P_j(T_{cu}) - C_{th} \frac{dT_{cu}}{dt} \right\}$$

(III.5)

et la capacité thermique devient :

$$C_{th} = C_{cu} M_{cu}$$

(III.6)

III.3.2.3. Résultats de simulation

Le couplage magnéto-thermique permet d'évaluer la contrainte en température sur le bobinage et de vérifier que celle-ci ne dépasse pas la température maximale admise des isolants, qui sont choisi de classe F avec une température maximale de *135 °C*.

L'évolution de la température de l'échauffement de l'actionneur présente deux zones distinctes, figure III.6 : d'une part, dans la première zone, la température, en valeur moyenne, évolue d'une manière linéaire de *27 °C* à *110 °C* ; la deuxième zone d'autre part, définit la température maximale de l'échauffement de l'actionneur $\Delta T_{cu} = 110°C$, nettement plus faible que celle critique de l'échauffement de l'isolant des enroulements de *135 °C*.

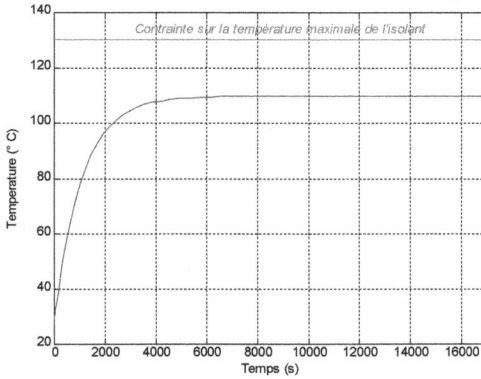

Figure III.6 : *Evolution de la température de l'actionneur*

III.4. COUPLAGE THERMO-ELECTRIQUE

Le couplage thermo-électrique permet de déterminer la variation de la résistance électrique qui conditionne la dynamique du courant des quatre phases statorique.

III.4.1. Modèle électrique

Les tensions induites aux bornes des phases A, B, C ou D, de l'actionneur linéaire incrémental à réluctance variable étudié sont déduites des lois de Faraday et de Lenz par [Remy 07] :

$$\mathbf{\Phi}_{a,b,c,d} \quad \mathbf{\Phi}_{a,b,c,d}\left(T_{cu}\right)\mathbf{\Phi}_{a,b,c,d} \quad \frac{d}{dt}\left(\mathbf{\Phi}_{a,b,c,d}\right)$$

(III.7)

où ϕ est le flux totalisé vu par une phase statorique, défini par [Remy 07] :

$$\mathbf{\Phi}_{a,b,c,d} \quad \mathbf{\Phi}_{a,b,c,d} \quad \mathbf{\Phi}_{a,b,c,d}$$

(III.8)

La matrice caractérisant les inductances des quatre phases en régime linéaire est donnée par :

$$[L] = \begin{pmatrix} L_{aa} & M_{ab} & M_{ac} & M_{ad} \\ M_{ba} & L_{bb} & M_{bc} & M_{bd} \\ M_{ca} & M_{cb} & L_{cc} & M_{cd} \\ M_{da} & M_{db} & M_{dc} & L_{dd} \end{pmatrix}$$

(III.9)

Les phases statoriques sont magnétiquement découplées, les inductances mutuelles nulles, les inductances des quatre phases identiques [El Amraoui 02 a], [Ben Saad 05]. La matrice (III.9) peut alors être réécrite sous la forme suivante :

$$(z) = \begin{pmatrix} L(z) & 0 & 0 & 0 \\ 0 & L(z) & 0 & 0 \\ 0 & 0 & L(z) & 0 \\ 0 & 0 & 0 & L(z) \end{pmatrix}$$

(III.10)

L'équation II.26 permet de calculer l'inductance d'une phase statorique de l'actionneur à partir du modèle de réseaux de réluctances.

La résistance électrique, calculée à partir des paramètres géométriques du bobinage, dépend de la variation de la température cuivre T_{cu} déterminée à partir du modèle thermique par :

$$R(T_{cu}) = R_0 \left(1 + \alpha_{cu} \Delta T_{cu}\right)$$

(III.11)

α_{cu} étant le cœfficient de température du cuivre, R_0 la résistance de l'enroulement à l'instant initial et ΔT_{cu} l'élévation de la température du cuivre.

La résistance de l'enroulement de phase R_0 à l'instant initial est définie par :

$$R_0 = \rho_{cu} \frac{l_{moy} N}{S_c}$$

(III.12)

ρ_{cu} étant la résistivité électrique du cuivre, N le nombre de spires, l_{moy} la longueur moyenne d'une spire du bobinage et S_c sa section.

La longueur moyenne d'une spire circulaire est donnée par :

$$l_{moy} = 2\pi R_{moy} = \pi \left(R_{ext} - e_c + R_e + \frac{e}{2} \right) \tag{III.13}$$

R_{moy} étant le rayon moyenne d'une spire du bobinage.

La section du fil conducteur est donnée par [El Amraoui 02 a] :

$$S_c = \frac{k_{bob} S_{bob}}{N} = \frac{k_{bob} b \left(R_{ext} - e_c \right) - \left(e + \frac{e}{2} \right)}{N} \tag{III.14}$$

K_{bob} étant le coefficient de remplissage de la bobine d'alimentation et S_{bob} sa section.

D'après les équations (III.11) à (III.14), l'expression de la résistance électrique devient :

$$R(T_{cu}) = \rho_{cu} \frac{\pi \left(R_{ext} - e_c + R_e + \frac{e}{2} \right) N^2}{k_{bob} b \left(R_{ext} - e_c \right) - \left(e + \frac{e}{2} \right)} (1 + \alpha_{cu} \Delta T_{cu}) \tag{III.15}$$

Les quatre équations suivantes décrivant le comportement électrique de l'actionneur sont déduites des équations (III.7), (III.9) et (III.10) :

$$U_A = R(T_{cu}) i_A + L \frac{di_A}{dt} + \frac{\partial L}{\partial z} \frac{dz}{dt} i_A$$

(III.16)

$$U_B = R(T_{cu}) i_B + L \frac{di_B}{dt} + \frac{\partial L}{\partial z} \frac{dz}{dt} i_B \tag{III.17}$$

$$U_C = R(T_{cu}) i_C + L \frac{di_C}{dt} + \frac{\partial L}{\partial z} \frac{dz}{dt} i_C$$

(III.18)

$$U_D = R(T_{cu}) i_D + L \frac{di_D}{dt} + \frac{\partial L}{\partial z} \frac{dz}{dt} i_D$$

(III.19)

$\frac{dz}{dt}$ étant la vitesse de la partie mobile, i_A, i_B, i_C et i_D les courants des quatre phases statoriques.

L'actionneur linéaire incrémental fonctionnant souvent en régime de pleine saturation, les inductances statoriques sont en fonction à la fois de la position et des courants et les tensions aux bornes des quatre phases, décrites par le système d'équations différentielles non linéaires suivant [Saidi 10 b] :

$$U_A = R(T_{cu})\, i_A + \oint(z,i) + \frac{\partial L(z,i)}{\partial i_A} i_A \oint \frac{di_A}{dt} + \frac{\partial L(z,i)}{\partial z} \frac{dz}{dt} i_A$$

(III.20)

$$U_B = R(T_{cu})\, i_B + \oint(z,i) + \frac{\partial L(z,i)}{\partial i_B} i_B \oint \frac{di_B}{dt} + \frac{\partial L(z,i)}{\partial z} \frac{dz}{dt} i_B$$

(III.21)

$$U_C = R(T_{cu})\, i_C + \oint(z,i) + \frac{\partial L(z,i)}{\partial i_C} i_C \oint \frac{di_C}{dt} + \frac{\partial L(z,i)}{\partial z} \frac{dz}{dt} i_C$$

(III.22)

$$U_D = R(T_{cu})\, i_D + \oint(z,i) + \frac{\partial L(z,i)}{\partial i_D} i_D \oint \frac{di_D}{dt} + \frac{\partial L(z,i)}{\partial z} \frac{dz}{dt} i_D$$

(III.23)

III.4.2. Résultats de simulation

Le couplage thermo-électrique est résolu suivant un couplage faible sous l'environnement Matlab. La figure III.7, montre que la résistance électrique augmente progressivement la température du cuivre ; en effet, l'échauffement élevée vieillit rapidement les isolants des enroulements du bobinage qui peuvent claquer, et montre d'où l'importance du couplage magnéto-thermique qui peut caractériser l'échauffement critique de l'actionneur.

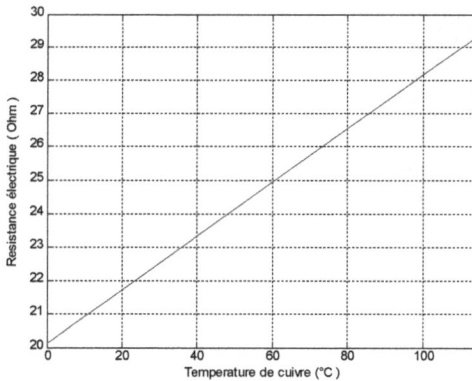

Figure III.7 : *Evolution de la résistance électrique en fonction de la variation de la température du cuivre*

III.5. MODELE MAGNETO-MECANO-CHARGE

III.5.1. Description du modèle magnéto-mécano-charge

Le modèle magnéto-mécano-charge est composé de trois modèles : modèle magnétique, de charge et mécanique, figure III.8. Le modèle magnétique permettant de déterminer l'évolution de force de poussée par réseaux de réluctances qui sera l'entrée du modèle mécanique et sa sortie c'est le comportement dynamique de l'actionneur qui dépend de la valeur de la charge.

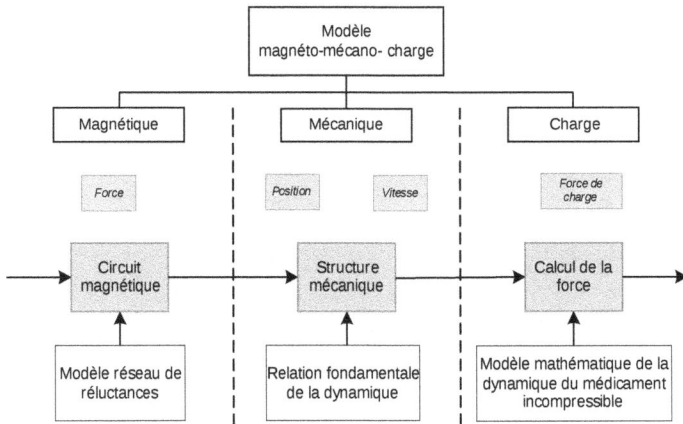

Figure III.8 : *Modèle magnéto-mécano-charge*

III.5.2. Modèle mécanique

D'après la relation fondamentale de la dynamique, le mouvement de la partie mobile d'un actionneur linéaire incrémental est décrit par l'équation différentielle suivante :

$$m\frac{d^2z}{dt^2} = F_A(i,z) + F_B(i,z) + F_C(i,z) + F_D(i,z) - F_r$$

(III.24)

m étant la masse de la partie mobile, $\dfrac{d^2z}{dt^2}$ l'accélération de la partie mobile, $F(i,z)$ la force de poussée de l'actionneur et F_r l'ensemble des forces résistantes.

L'ensemble des forces résistantes est décrite par la relation suivante :

$$F_r = F_c + f_0 signe\left(\frac{dz}{dt}\right)\xi\frac{dz}{dt}$$

(III.25)

F_c étant est la force de charge, f_0 le frottement sec et ξ le frottement visqueux.

Le comportement dynamique de l'actionneur peut aussi être par une équation différentielle non linéaire du second ordre suivante :

$$m\frac{d^2z}{dt^2} = F_A(i,z) + F_B(i,z) + F_C(i,z) + F_D(i,z) - \xi\frac{dz}{dt} - f_0 signe\left(\frac{dz}{dt}\right)F_c$$

(III.26)

L'actionneur considéré au cours des simulations est caractérisé par les paramètres mécaniques suivants : *m=1 kg ; ξ=25 Nsm⁻¹ ; f₀=0.05 N*.

III.5.3. Résultats de simulation

Le couplage magnéto-mécanique-charge, résolu suivant un modèle de couplage faible, permet d'identifier le comportement dynamique de l'actionneur couplé avec la seringue en présence d'un médicament à perfuser ; dans une première étape en considérant que la charge est nulle ; et en considérant que la charge est fluctuante dans une seconde étape.

Les quatre phases sont découplées magnétiquement [El Amraoui 02 b], Cela nous permettra de ramener l'étude dans un premier temps à celle de la seule phase alimentée par un courant de *88 Atr*.

Ce couplage a été développé et résolu numériquement en appliquant l'algorithme de Range Kutta à l'ordre 4 sous l'environnement Matlab/Simulink.

- **Comportement dynamique de l'actionneur sans charge (F_c=0)**

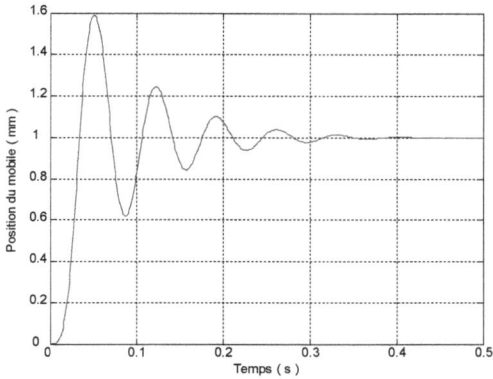

Figure III.9 : *Réponse dynamique*

La réponse dynamique de l'actionneur, de la figure III.9, montre la présence d'oscillations avant de se stabiliser à la position finale d'équilibre relative à 1mm. Ces oscillations sont gênantes pour les applications de positionnement. Pour certaines vitesses de translation, ces oscillations peuvent introduire des pertes de synchronisme et des risques de décrochage, du à ce que l'énergie cinétique accumulée par l'excitation de l'actionneur doit être dissipée pour que le mobile puisse s'arrêter [Saidi 08].

- **Comportement dynamique de l'actionneur avec une charge fluctuante**

L'actionneur conçu pour un pas d'avancement de 1mm, est couplé au piston d'une seringue remplie avec des médicaments dont les propriétés physiques sont celle d'un fluide non visqueux et d'un fluide visqueux, représentant la charge de l'actionneur.

Nous envisageons d'étudier l'influence de la charge sur le comportement dynamique de l'actionneur. D'après les figures (III.10 a), (III.10 b) et (III.10 c) et (III.10 d), les amplitudes des oscillations du mouvement de la partie mobile sont réduites et le temps de réponse en position est lent au fur et à mesure que le débit de perfusion des médicaments visqueux augmente, l'erreur statique de position d'équilibre est d'autant plus grande que la force de charge est plus importante.

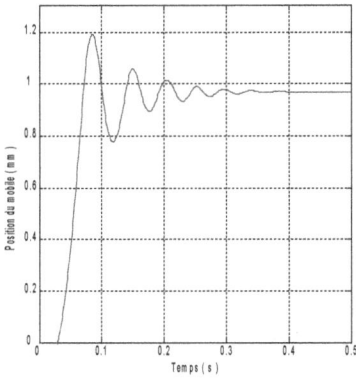

a. *Réponse dynamique Qv=1 ml/h, P_M=10 mmhg*

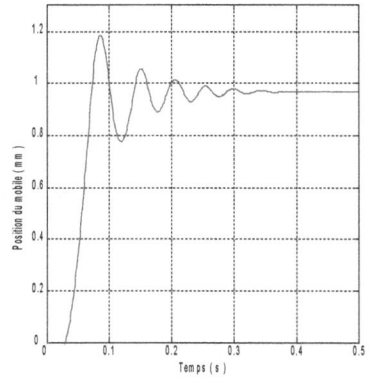

b. *Réponse dynamique Qv=10 ml/h, P_M=10 mmhg*

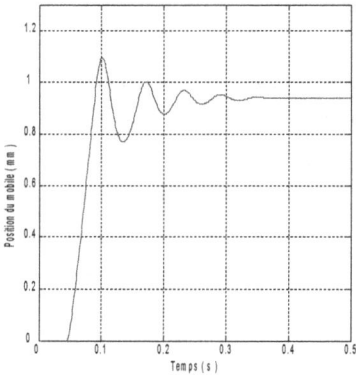

c. *Réponse dynamique Qv=50 ml/h, P_M=10 mmhg*

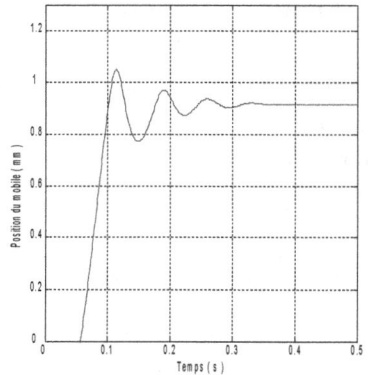

d. *Réponse dynamique Qv=99.9 ml/h, P_M=10 mmhg*

Figure III.10 : *Réponses dynamiques pour la perfusion d'un médicament visqueux*

Les réponses dynamiques lors de la perfusion des médicaments non visqueux ont des amplitudes d'oscillation plus importantes et des erreurs statiques plus faibles que dans le cas de la perfusion d'un médicament visqueux, figures (III.11 a), (III.11 b) et (III.11 c) et (III.11 d).

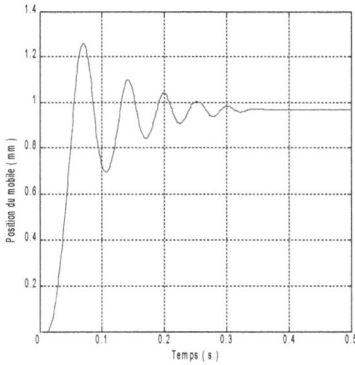

a. *Réponse dynamique*
Qv=1 ml/h, P_M=10 mmhg

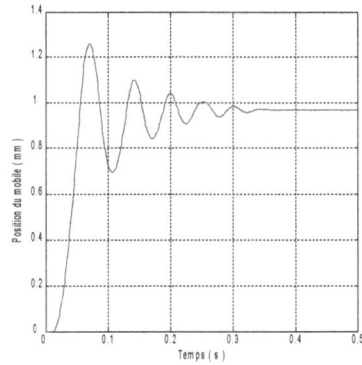

b. *Réponse dynamique*
Qv=10 ml/h, P_M=10 mmhg

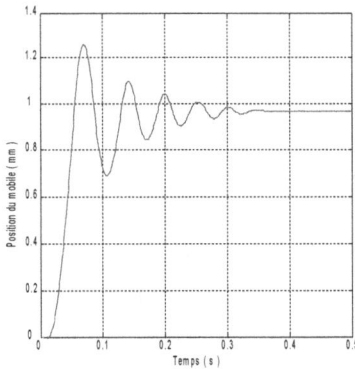

c. *Réponse dynamique*
Qv=50 ml/h, P_M=10 mmhg

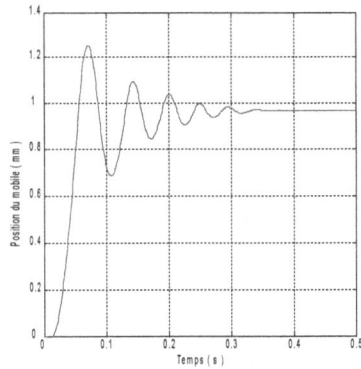

d. *Réponse dynamique*
Qv=99.9ml/h, P_M=10 mmhg

Figure III.11 : *Réponses dynamiques pour la perfusion d'un médicament non visqueux*

III.6. COUPLAGE DES MODELES

Le système couplé est constitué des modèles électriques, magnétique, mécanique, thermique et de charge élaborés dépendants, formant le systéme multidisciplinaire de l'actionneur. La figure III.12 présente le synoptique du pousse-seringue électrique. Ce système biomédical a comme entrées la pression musculaire du malade, la viscosité et le débit du médicament injecté et la tension de commande et comme sortie le comportement dynamique de l'actionneur-seringue. L'ensemble du système global multidisciplinaire a été développé à l'aide de Matlab/Similink©.

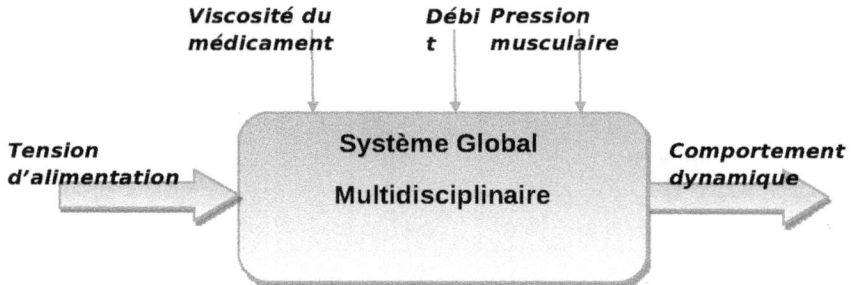

Figure III.12 : *Synoptique du pousse-seringue électrique*

III.6.1. Comportement dynamique de l'actionneur biomédical en fonction de la fréquence de commande en régime de saturation

Les figures (III.13), (III.14), (III.15) et (III.16) présentent les comportements de l'actionneur pour différentes valeurs de la fréquence de commutation pour perfuser le médicament adrénaline pour un débit $Qv=20$ *ml/h* et une pression musculaire du malade $P_M=20$ *mmhg* et une viscosité $\mu=0.410^4$ *Pa.s.* On constate que, pour les fréquences basses [*0.1 Hz 5 Hz*], le courant d'alimentation s'établit à sa valeur nominale et l'actionneur fonctionne convenablement en synchronisme, figure (III.13) et (III.14) ; mais, à partir de la fréquence *8 Hz*, figure III.15, le courant s'établit à sa valeur nominale difficilement et le fonctionnement de l'actionneur est perturbé mais sans perte de pas ; cela est mis en exergue par le comportement dynamique et la vitesse du mobile.

A la fréquence *11 Hz*, le fonctionnement de l'actionneur est erratique, figure III.16 ; le mobile ne s'arrête plus entre chaque pas, la position croît plus régulièrement, il ya perte de synchronisme et des risques de décrochage ; le fonctionnement s'apparente aussi à celui d'un moteur synchrone.

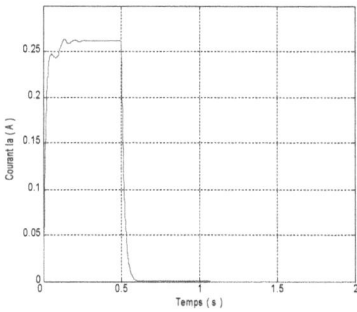

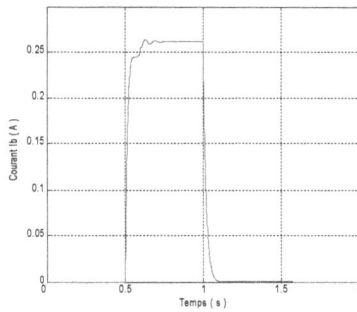

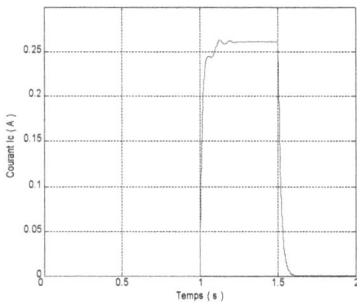

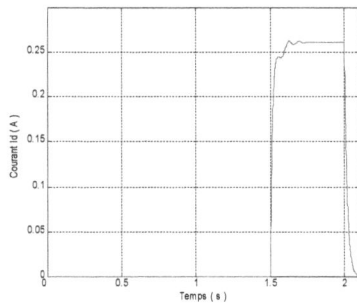

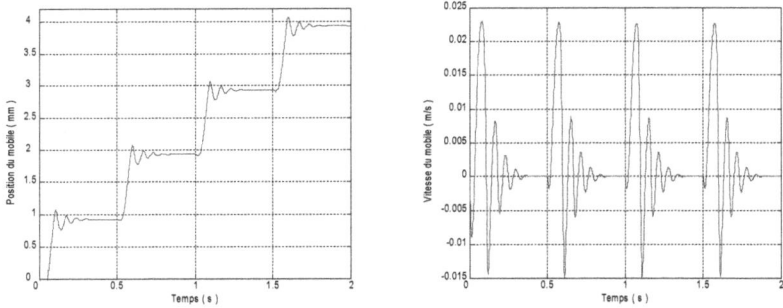

Figure III.13 : *Comportement de l'actionneur pour la fréquence de commutation f= 2 Hz*

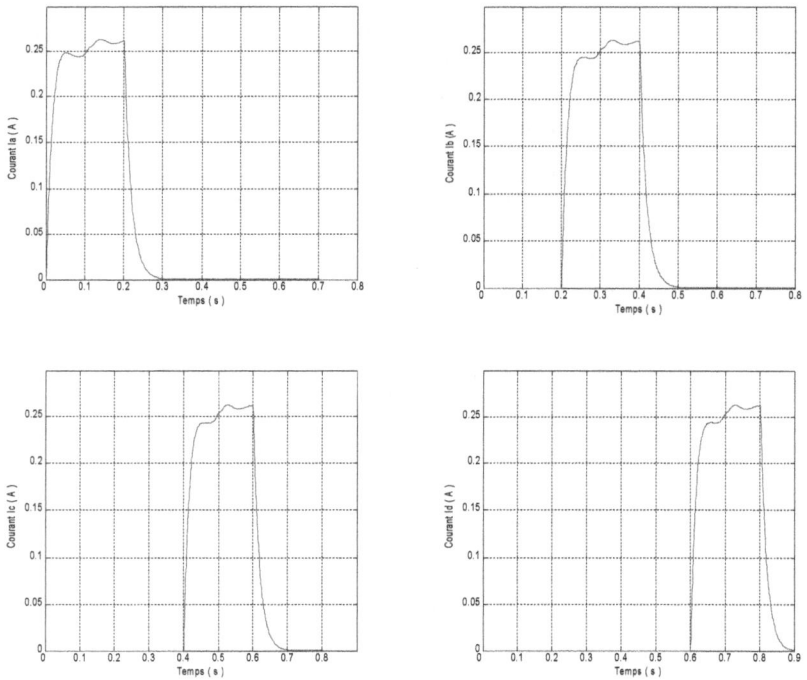

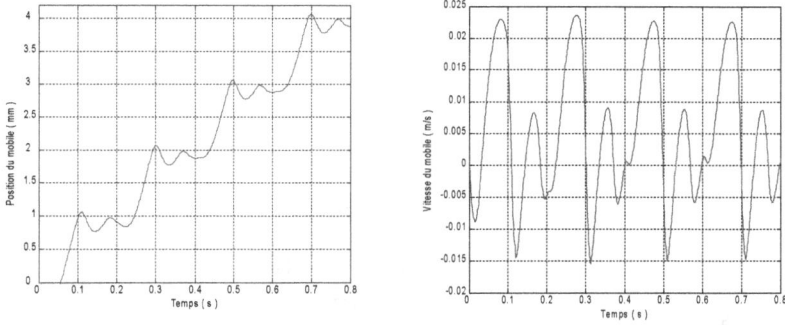

Figure III.14 : *Comportement de l'actionneur pour la fréquence de commutation f= 5 Hz*

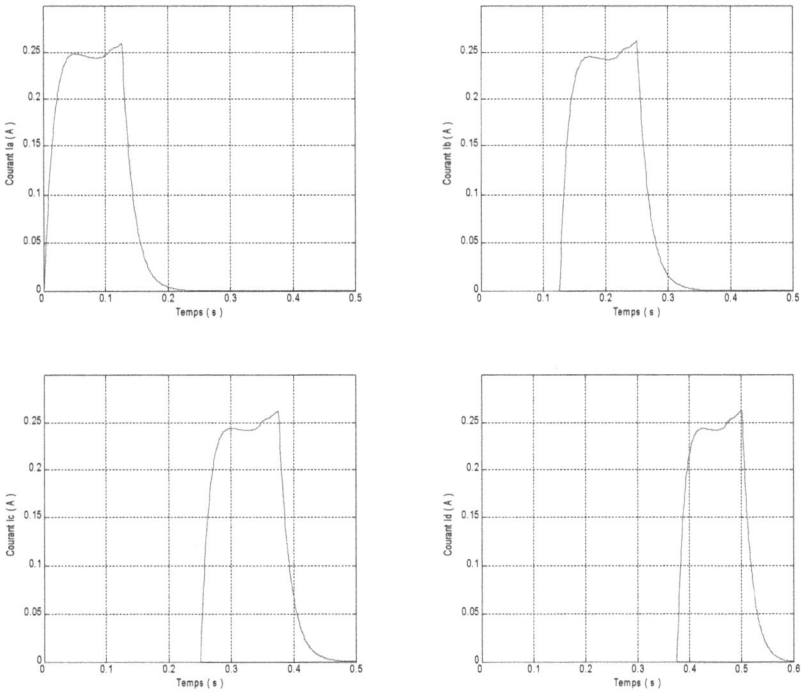

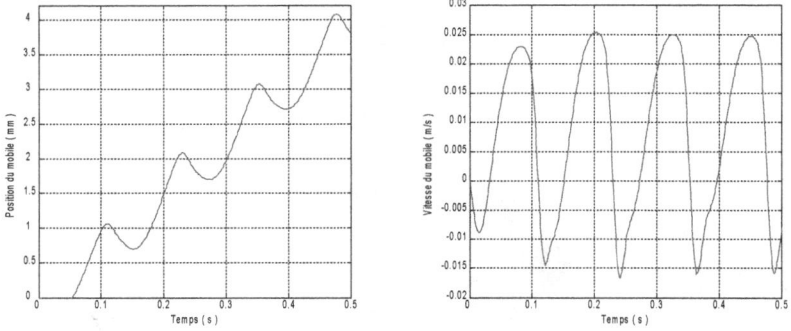

Figure III.15 : *Comportement de l'actionneur pour la fréquence de commutation f= 8 Hz*

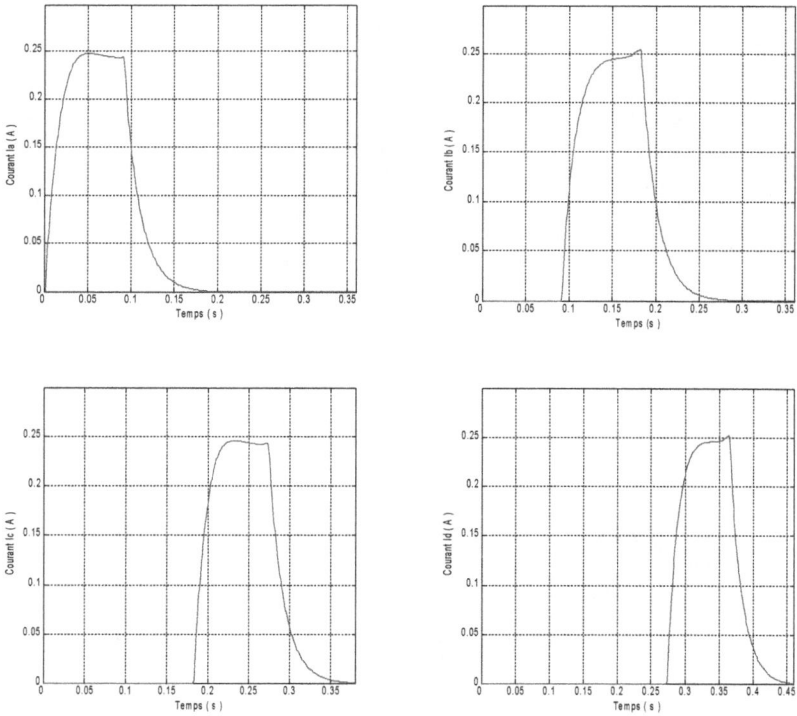

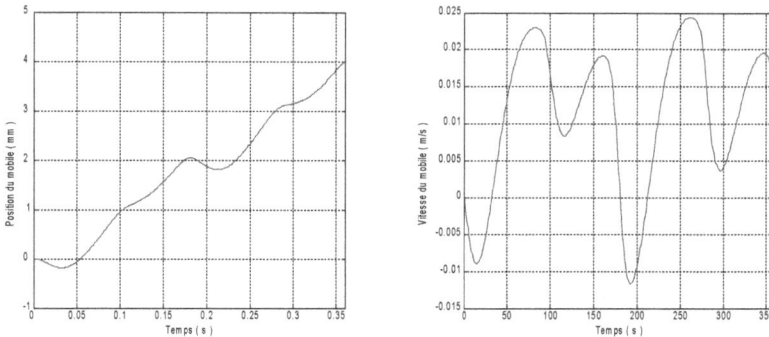

Figure III.16 : *Comportement de l'actionneur pour la fréquence de commutation f= 11 Hz*

L'étude de l'actionneur incrémental en régime dynamique permet de mettre en évidence l'influence de la fréquence d'alimentation sur le comportement global de l'actionneur, trois domaines de fonctionnement sont définis par la figure III.17 :

- zone 1 : la partie mobile de l'actionneur atteint sa position d'équilibre stable avant l'alimentation de la phase suivante sans difficulté, le fonctionnement de l'actionneur s'effectue sans sauter de pas avec un échelon de fréquence.

- zone 2 : des phénomènes de résonance peuvent apparaître, c'est une zone d'instabilité en basse vitesse. il est déconseillé de fonctionner l'actionneur à travailler à ces fréquences car il entre en vibration.

- zone 3 : l'actionneur présente des fluctuations à basse fréquence autour de la vitesse moyenne de translation, l'actionneur incrémental finit par décrocher, c'est une zone d'instabilité dynamique, c'est impossible à utiliser.

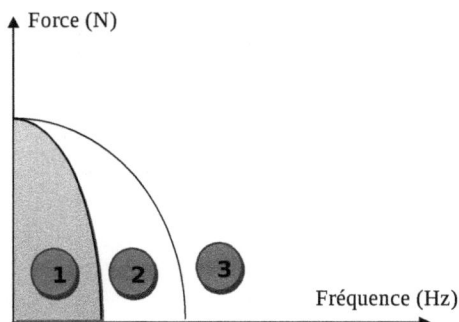

Figure III.17 : *Domaines de fonctionnement d'un actionneur incrémental linéaire*

III.6.2. Comportement dynamique de l'actionneur biomédical en régime de saturation et en tenant compte des effets d'extrémités

La figure III.18 a présente l'allure caractéristique de la force de poussée dynamique sur une période électrique, la figure montre une différence d'amplitude importante entre les phases centrales (2, 3) et d'extrémité (1,4), cela est l'effet des effets d'extrémités.

Les figures (III.18 b) et (III.18 c) montrent que les phases d'extrémité (1,4) présentant une dynamique plus rapide par rapport aux phases centrales (2,3), les oscillations et le dépassement sont également plus importantes.

La figure III.18 d présente l'évolution de la vitesse en fonction de la position, on remarque que les phases centrales sont plus énergétiques que les phases d'extrémités cela est due principalement aux effets d'extrémités.

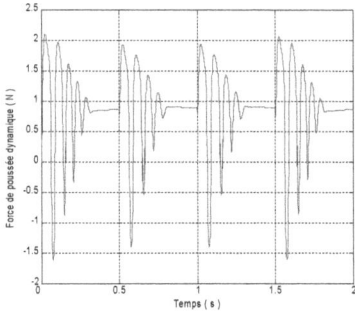

a. *Evolution de la force de poussée dynamique*

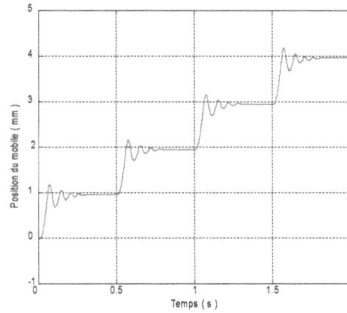

b. *Evolution de la réponse dynamique*

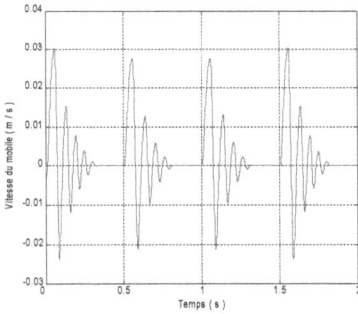

c. *Evolution de la vitesse du mobile*

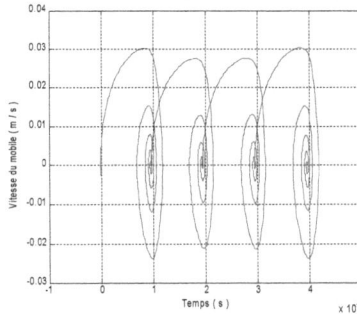

d. *Evolution de l'aspect énergétique du mobile*

Figure III.18 : *Comportement de l'actionneur en régime de saturation et en tenant compte des effets des extrémités pour Qv= 10 ml/h et P$_M$= 25 mmhg*

Le comportement global de l'actionneur permet de mettre en évidence des dissymétries importantes entre les phases centrales et les phases d'extrémités de l'actionneur en régime de saturation magnétique et en tenant compte des effets d'extrémités, afin réguliers ce problème, nous avons opté pour l'alimentation des phases extrêmes par $U_A=U_D=5\ V$, et les phases centrales par $U_B=U_C=5.2\ V$, figure III.19.

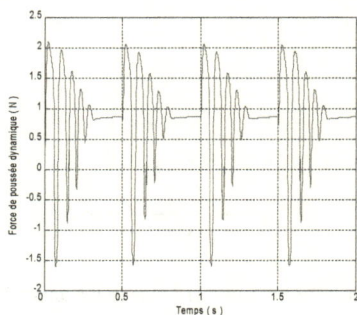

a. *Evolution de la force de poussée dynamique*

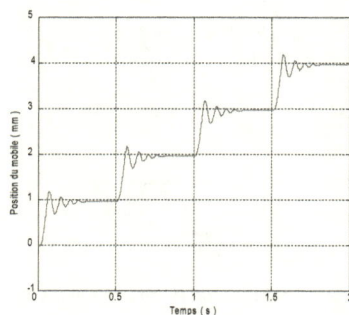

b. *Evolution de la réponse dynamique*

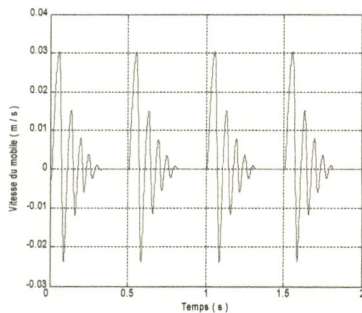

c. *Evolution de la vitesse du mobile*

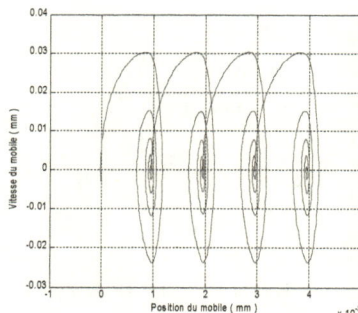

d. *Evolution de l'aspect énergétique du mobile*

Figure III.19 : *Comportement de l'actionneur avec compensation des effets d'extrémités pour Qv= 15 ml/h et P$_M$= 15 mmhg*

III.7. LISSAGE DU MOUVEMENT DE L'ACTIONNEUR-SERINGUE

III.7.1. Introduction

La plage thérapeutique du médicament lors de la perfusion à débit constant, s'atteint après un délai de début d'injection. La réponse dynamique présente des oscillations gênantes et un dépassement important avant que l'actionneur atteint sa position d'équilibre. Ces oscillations influe sur l'évolution du débit du médicament autrement dit sur l'évolution de la concentration du médicament dans l'organisme ce qui résulte qu' il est difficile de rester à l'intérieur de seuil d'efficacité et seuil de toxicité (zone de la plage thérapeutique) [Braun 06], figure III.20. Au dessous du seuil d'efficacité le médicament n'est pas actif et au dessus de seuil de toxicité le médicament devient toxique. Il est nécessaire de développer une commande en position tenant compte du comportement dynamique en assurant un positionnement précision et sans dépassement pour des différents débits de perfusion des médicaments visqueux et non visqueux.

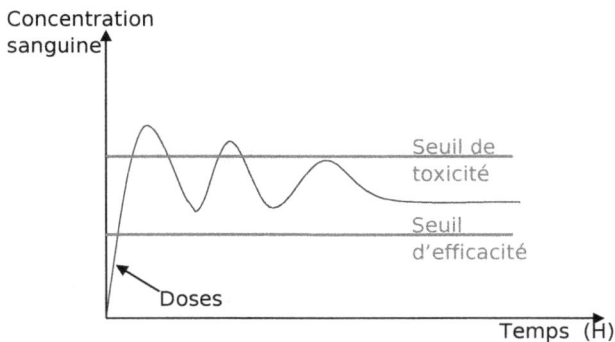

Figure III.20 : *Evolution du débit de médicament d'une seringue motorisée par un actionneur linéaire incrémental*

III.7.2. Couplage multidisciplinaire en régime linéaire

Le modèle multidisciplinaire, dans cette partie de commande de l'actionneur est établi en considérant les hypothèses suivantes :

- les phases statoriques sont magnétiquement découplées,

- l'actionneur est non saturée et les inductances et la force développée par l'actionneur sont sinusoïdales,
- les flux de fuite sont négligeables,
- les effets d'extrémité sont négligeables,

III.7.3. Modèle magnétique

Le modèle magnétique est élaboré en régime linéaire, les allures des inductances statoriques et les forces de poussées sont sinusoïdales.

III.7.3.1. Caractérisation de l'inductance

La variation des inductances statoriques, au cours du déplacement de la partie mobile, est caractérisée d'une part par une allure sinusoïdale, d'autre part, indépendante des valeurs des courants statoriques. Par ailleurs, oscillante autour d'une valeur moyenne.

Le développement en série de fourrier de l'inductance est donné par l'expression suivante :

$$L_j(z) = L_0 + \sum_{k=1}^{\square} L_k \cos_k \left(\frac{2\pi z}{\lambda} \right)$$

(III.27)

L_0 étant l'inductance moyenne et $\sum_{k=1}^{\square} L_k \cos_k \left(\frac{2\pi z}{\lambda} \right)$ la somme d'harmoniques de l'inductance.

En limitant le développement aux deux premiers termes, l'inductance est décrite par l'équation suivante :

$$L_j(z) = L_0 + L_1 \cos\left(\frac{2\pi z}{\lambda} \right)$$

(III.28)

La figure III.21 présente l'évolution de la variation de l'inductance sinusoïdale en fonction de l'évolution de la position du mobile pour un courant d'alimentation donnée.

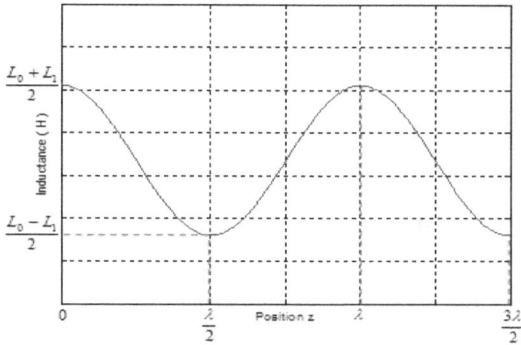

Figure III.21 : *Evolution de l'inductance en fonction de la position du mobile*

Les valeurs de l'inductance L_0 et L_1 sont calculé à partir du système d'équation III.29.

$$\begin{cases} \dfrac{L_0 - L_1}{2} = 0.04H \\ \dfrac{L_0 + L_1}{2} = 0.128H \end{cases}$$

(III.29)

En se basant sur la variation de l'inductance en fonction du décalage en régime linéaire du chapitre précédent. Le système d'équation est résolu, la valeur de $L_0 = 168$ *mH* et $L_1 = 88$ *mH*.

III.7.3.2. Caractérisation de la force de poussé

La force de poussée en régime linéaire est donnée par l'expression suivant [El Amraoui 02 b] :

$$F(i, z) = \frac{1}{2} \frac{\partial L(z)}{\partial z} i^2 \bigg|_{i=cst}$$

(III.30)

La variation des inductances statoriques est supposé sinusoïdale se qui conduit à considérer que les forces de poussée des quatre phases de l'actionneur, $F_A(z)$, $F_B(z)$, $F_C(z)$ et $F_D(z)$, sont donc sinusoïdales, ils sont données par :

$$F_A(z) = -\frac{\pi L_1}{\lambda} i_A^2 \sin\left(\frac{2\pi z}{\lambda}\right)$$

(III.31)

$$F_B(z) = -\frac{\pi L_1}{\lambda} i_B^2 \sin\left(\frac{2\pi z}{\lambda} - \frac{\pi}{2}\right)$$

(III.32)

$$F_C(z) = -\frac{\pi L_1}{\lambda} i_C^2 \sin\left(\frac{2\pi z}{\lambda} - \pi\right)$$

(III.33)

$$F_D(z) = -\frac{\pi L_1}{\lambda} i_D^2 \sin\left(\frac{2\pi z}{\lambda} - \frac{3\pi}{2}\right)$$

(III.34)

La figure III.21 représente l'évolution des forces statoriques en fonction de la position. Les forces sont de même amplitude maximale mais décalées régulièrement de $\frac{\pi}{2}$.

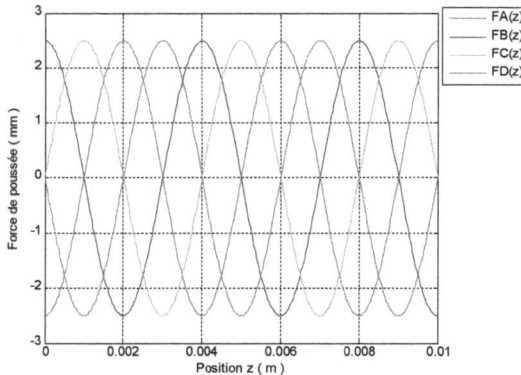

Figure III.22 : *Evolution des forces de poussée des quatre phases statoriques*

III.7.4. Modèle électrique

Le modèle électrique de l'actionneur est déduit des équations (III.16), (III.17), (III.18) et (III.19).

Les quatre équations électrique en régime linéaire de l'actionneur est donnée par les équations suivantes :

$$U_A = R\left(T_{cu}\right) i_A + \left(\lambda_0 + L_1 \cos\left(\frac{2\pi z}{\lambda}\right)\right)\frac{di_A}{dt} + \frac{2\pi}{\lambda} L_1 \sin\left(\frac{2\pi z}{\lambda}\right)\dot{z}\, i_A \tag{III.35}$$

$$U_B = R\left(T_{cu}\right) i_B + \left(\lambda_0 + L_1 \cos\left(\frac{2\pi z}{\lambda} - \frac{\pi}{2}\right)\right)\frac{di_B}{dt} + \frac{2\pi}{\lambda} L_1 \sin\left(\frac{2\pi z}{\lambda} - \frac{\pi}{2}\right)\dot{z}\, i_B \tag{III.36}$$

$$U_C = R\left(T_{cu}\right) i_C + \left(\lambda_0 + L_1 \cos\left(\frac{2\pi z}{\lambda} - \pi\right)\right)\frac{di_C}{dt} + \frac{2\pi}{\lambda} L_1 \sin\left(\frac{2\pi z}{\lambda} - \pi\right)\dot{z}\, i_C \tag{III.37}$$

$$U_D = R\left(T_{cu}\right) i_D + \left(\lambda_0 + L_1 \cos\left(\frac{2\pi z}{\lambda} - \frac{3\pi}{2}\right)\right)\frac{di_D}{dt} + \frac{2\pi}{\lambda} L_1 \sin\left(\frac{2\pi z}{\lambda} - \frac{3\pi}{2}\right)\dot{z}\, i_D \tag{III.38}$$

III.7.5. Modèle mécanique

Le modèle mécanique de l'actionneur incrémental linéaire à réluctance variable à quatre phases décrit par l'équation III.26, est réécrit par un système d'équations différentielles non linéaires suivantes [Khidiri 86], [Ben Saad 05] :

$$m\frac{d^2 z}{dt^2} = -\frac{\pi L_1}{\lambda}\left(i_A^2 \sin\left(\frac{2\pi z}{\lambda}\right) + i_B^2 \sin\left(\frac{2\pi z}{\lambda} - \frac{\pi}{2}\right) + i_C^2 \sin\left(\frac{2\pi z}{\lambda} - \pi\right) + i_D^2 \sin\left(\frac{2\pi z}{\lambda} - \frac{3\pi}{2}\right)\right) \tag{III.39}$$
$$-\xi\frac{dz}{dt} - f_0\, signe\left(\frac{dz}{dt}\right) F_c$$

III.8. APPROCHE DE COMMANDE PROPOSEE POUR L'AMELIORATION DU POSITIONNEMENT EN CHARGE

Les actionneurs linéaires pour le positionnement en charge se suivent par un écart de positionnement qui apparaît entre la position d'équilibre à vide et celle atteinte en présence d'une charge s'opposant au mouvement, d'une part cet écart est d'autant plus important que la charge est grande, figure III.23, et d'autre part sa variation en fonction de la charge est non linéaire, figure III.24.

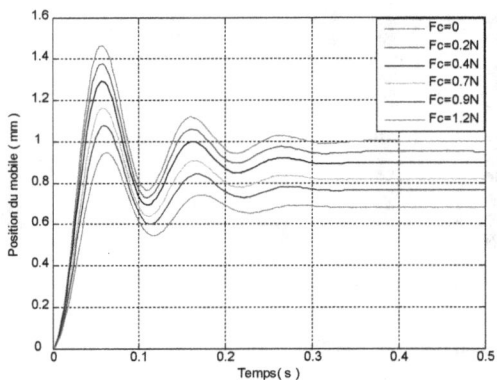

Figure III.23 : *Evolution de la réponse dynamique pour différentes valeurs de la force de charge*

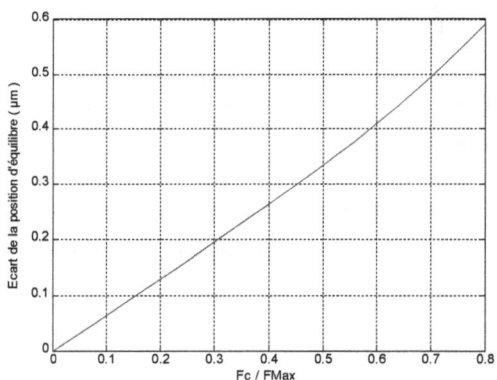

Figure III.24 : *Evolution de l'écart de la position d'équilibre en fonction du rapport Fc/FMax*

Dans ce sens nous présentons une approche de correction permettant la compensation de cet écart.

III.8.1. Principe de la correction

Pour compenser l'erreur statique de positionnement, l'idée consiste à exciter simultanément deux phases de l'actionneur.

Dans le cas de l'excitation simultanée des deux phases B et C, la force développée par l'actionneur est décrit par l'équation suivante [Ben Saad 05], [Grellet 97] :

$$F_M = -\frac{\pi L_1}{\lambda}\left(i_B^2 \sin\left(\frac{2\pi z}{\lambda}-\frac{\pi}{2}\right) i_C^2 \sin\left(\frac{2\pi z}{\lambda}-\pi\right)\right) \tag{III.40}$$

Les deux phases excitées égalisent la force de charge accouplée par l'équation suivante :

$$F_M = F_C \tag{III.41}$$

Afin de limiter les pertes joules, une condition sur les courants est décrite par l'équation suivante [Ben Saad 05] :

$$I_B^2 + I_C^2 = I_n^2 \tag{III.42}$$

D'après les équations (III.40) et (III.42) les courants statoriques I_B et I_C seront décrits par les équations suivantes [Ben Saad 05] :

$$I_B = \sqrt{\frac{-\dfrac{F_C}{F_{Max}}+\sin\left(\frac{2\pi z}{\lambda}\right)}{\sin\left(\frac{2\pi z}{\lambda}\right)\cos\left(\frac{2\pi z}{\lambda}\right)}I_n} \tag{III.43}$$

$$I_C = \sqrt{\frac{\dfrac{F_C}{F_{Max}}-\cos\left(\frac{2\pi z}{\lambda}\right)}{\sin\left(\frac{2\pi z}{\lambda}\right)\cos\left(\frac{2\pi z}{\lambda}\right)}I_n} \tag{III.44}$$

La force maximale F_{Max} est donnée par :

$$F_{Max} = \frac{\pi L_1}{\lambda}I_n^2 \tag{III.45}$$

Les équations des tensions de deux phases B et C permettant la correction de la position par ajustement de la caractéristique de la force développée par l'actionneur sont décrits par :

$$U_B = R\left(T_{cui}\right)I_B \tag{III.46}$$

$$U_C = R\left(T_{cui}\right)I_C \tag{III.47}$$

III.8.2. Résultats de simulations

Les figures (III.25. a), (III.25 c) présentent la réponse dynamique de l'actionneur et les figures (III.25 b) et (III.25 d) présentent la vitesse de la partie mobile, ces figures montrent que l'erreur statique de positionnement pour différentes forces de charge est nulle.

Ces résultats satisfaisants sont obtenus par l'excitation simultanée des deux phases conjointes B et C, en connaissant la valeur de la force de charge, cette approche peut être étendue en la combinaison avec la commande par commutation de phase, afin de supprimer les oscillations qui apparaissent autour de la position d'équilibre finale ce qui fera l'objectif du paragraphe suivant.

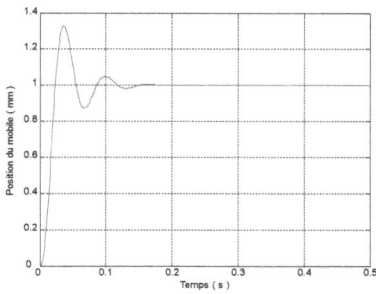

a. Evolution de la réponse dynamique pour une force de charge Fc=0.4N

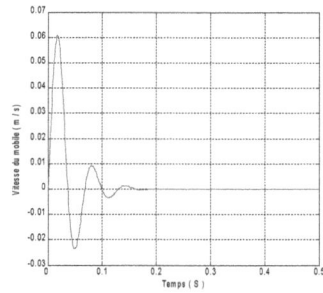

b. Evolution de la vitesse pour une force de charge Fc=0.4N

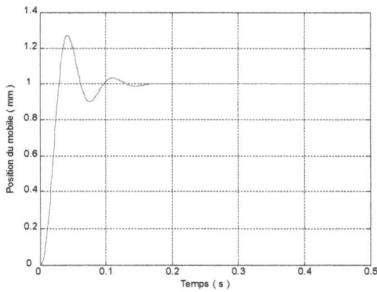

c. Evolution de la réponse dynamique pour une force de charge Fc=1.4N

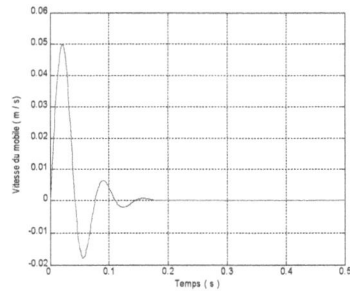

d. Evolution de la vitesse pour une force de charge Fc=1.4N

Figure III.25 : *Résultats de simulation de l'application de la commande proposée*

III.8.3. Commande par commutation de phase

Nous envisageons, dans cette partie, l'application de la commande par commutation de phase, afin de supprimer les oscillations de la réponse dynamique de l'actionneur, cette commande ne sera pas être appliquer d'une façon classique, mais avec la technique que nous avons proposé pour annuler l'erreur statique de positionnement.

III.8.3.1. Mise en œuvre de la commande proposée

Les phases B et C sont excitées jusqu'à l'instant t_1, permettant l'entraînement de la partie mobile. A t_1, on commute entre les quatre phases B, C, A et D, figure III.26. L'excitation des deux phases A et D permettant le freinage de la partie mobile, l'élimination de l'énergie cinétique développée par les phases conjointes B et C. Les phases B et C sont excitées de nouveau à t_2 et les phases A et D sont éteintes pour maintenir la position d'équilibre finale.

La technique de freinage utilisé dans la commande de l'actionneur permet de supprimer les oscillations et la partie mobile atteint sa position d'équilibre sans dépassements, figure III.27.

La détermination des instants de commutation t_1 et t_2 est fortement liée aux paramètres du système seringue-actionneur [Acarnley 02], [Jacquin 74].

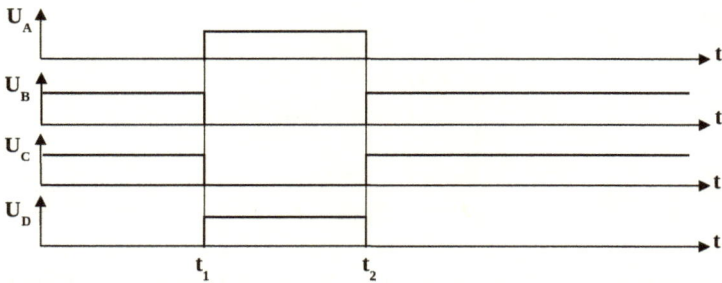

Figure III.26 : *Tensions de commutation*

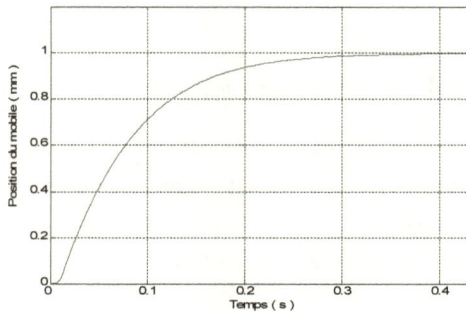

Figure III.27 : *Evolution de la réponse dynamique avec une commande par commutation de phase*

III.8.3.2. Résultats de simulation

L'application de la commande par commutation de phase, pour des instants de commutation t_1=40ms et t_2=50ms a abouti à des résultats satisfaisants et encourageants. Elle a permis, d'une part, l'atténuation des dépassements de la réponse dynamique pour tout un cycle électrique et une précision de positionnement. D'autre part, d'améliorer les performances dynamiques : en temps de réponse, figure III.28.

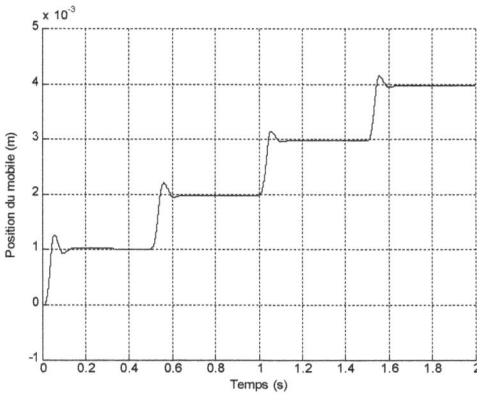

Figure III.28 : *Réponse dynamique*

III.9. CONCLUSION

Ce chapitre est consacré à la description du modèle multidisciplinaire. Celui-ci est composé des modèles électrique, magnétique, thermique, mécanique et thermique. D'une part, le modèle multidisciplinaire possède un modèle magnéto-thermique qui caractérise la variation temporelle des températures de l'actionneur et servira de valider le choix de isolants pour les bobinages des phases statorique. D'autre part, le couplage magnéto-mécano-charge montre que toute variation de la charge, la réponse dynamique de l'actionneur présente une erreur statique de position.

La dernière partie de ce chapitre est consacrée au couplage entre tous les modèles qui se résulte par le comportement dynamique du système actionneur-seringue. Il est caractérisé par une réponse en position présentant des oscillations et des dépassements et une erreur statique de positionnement. Afin de remédier à ces problèmes une stratégie de commande est élaborée pour la réduction des oscillations avant que l'actionneur se stabilise à sa position d'équilibre avec un pas de déplacement de 1mm malgré la fluctuation de la charge.

Le modèle multidisciplinaire réalisé est considéré comme une plateforme logicielle pour la modélisation des actionneurs électriques, sachant qui demande qu'un faible temps de calcul et une précision de calcul.

CONCLUSION GENERALE

CONCLUSION GENERALE

L'élaboration d'une stratégie de conception associant une approche analytique et une approche numérique a été proposée pour les actionneurs linéaires incrémentaux. Un modèle multidisciplinaire a été d'abord développé dans le but de représenter le couplage entre les modèles électrique, magnétique, thermique, mécanique et de charge dans un actionneur linéaire incrémental, dédié à la motorisation d'un pousse-seringue médicale, et ensuite une technique de réduction des oscillations de la réponse dynamique pour améliorer les performances dynamiques du système actionneur-seringue. Ces travaux constituent les principales contributions de nos travaux de recherche.

Dans le cadre de cette thèse, nous avons, en premier lieu, dimensionnée par des approches analytiques un actionneur linéaire incrémental de façon à gérer un pas de déplacement d'un millimètre et à fournir une force électromagnétique de 2.5 Newton sur chaque pas, pour une course utile de cent millimètres. Cet actionneur permet de motoriser les seringues médicales les plus couramment utilisées de volumes *5 ml, 10 ml, 20 ml, 30 ml* et *50* à *60 ml* et ont une plage de débits de perfusion des médicaments variant de *0.1 ml/h* à   *99.99 ml/h*.

Dans un second lieu, un modèle réseau de réluctances a été élaboré en régime linéaire et en tenant compte de la saturation magnétique du matériau et de l'effet d'extrémités et servir pour le calcul de la force de poussée et de l'inductance statorique.

Un modèle numérique basé sur la méthode des éléments finis en 2D a été conçu pour étudier les caractéristiques statiques de l'actionneur à partir desquelles on valide, d'une part, les paramètres géométriques de l'actionneur conçu par les approches analytiques et d'autre part, l'évolution de la force de poussée et de l'inductance par la méthode de réseaux de réluctances. Cette méthode numérique a abouti à des résultats très précis, les simulations ayant nécessité toutefois des temps de calcul très importants.

Dans une dernière partie, une modélisation multidisciplinaire des modèles électrique, magnétique, thermique, mécanique et de charges couplées a été proposé. Ces modèles sont modélisées par des approches analytiques et semi-analytiques présentant ainsi l'avantage pour la prise en compte des interactions des phénomènes couplés. D'une part, dans le cas de la modélisation du couplage magnéto-thermique, l'interaction à distinguer est l'échauffement des différentes parties de l'actionneur suite à la propagation du flux de chaleur crée par les pertes joules et les pertes fer mais ce dernier n'a pas d'influence vu que nous avons choisi un matériau magnétique à cycle d'hystérésis étroit dans la phase de conception, pour réduire les pertes par courants de Foucault. D'autre part, le couplage thermo-électrique permet de déterminer la variation de la résistance électrique des bobinages qui conditionne la dynamique du courant des quatre phases statorique. Par ailleurs le couplage des modèles caractérise le comportement statique et dynamique du système global actionneur-seringue. Les résultats de simulations montre que la réponse dynamique présentant des oscillations et des dépassements importants, ces oscillations peuvent introduire des pertes de synchronisme et des risques de décrochage pour des fréquences d'alimentation importante.

Une technique de réduction de commande en boucle ouverte par commutation de phase est élaborée, permettant la réduction les oscillations gênantes de la réponse dynamique et d'annuler l'erreur statique de positionnement de l'actionneur incrémental tubulaire linéaire du aux fluctuations de la charge.

Le pousse-seringue électrique conçu contribuera à l'enrichissement du parc des réalisations usant des performances des actionneurs incrémentaux linéaires dans le domaine biomédical.

De nombreuses perspectives peuvent être envisagées pour faire suite à ce travail.

D'une part, l'affinement du modèle multidisciplinaire de l'actionneur en tenant compte du modèle mécanique vibratoire et du modèle acoustique.

D'autre part, vu le temps de couplage du modèle multidisciplinaire est faible, on envisagera de le coupler à un superviseur d'optimisation de modèle de conception et de commande.

Par ailleurs, l'amélioration de la stratégie de commande par l'élaboration d'une commande en boucle fermé, celle la commande par linéarisation entrée-état qui est basée sur l'inversion du modèle qui est impossible de l'aboutir à un modèle exacte de l'actionneur linéaire incrémental.

La réalisation de l'actionneur demeure une étape fondamentale pour la validation des travaux effectués.

Et c'est dans ce sens que nous envisageons de poursuivre nos travaux de recherche.

BIBLIOGRAPHIE

BIBLIOGRAPHIE

[Abignoli 91]   ABIGNOLI M.
                  "Evaluation du comportement dynamique d'un actionneur
                  incrémental à partir des seules caractéristiques externes de la charge
                  et du moteur", Revue Générale d'Electricité, N°6, pp.55-53.1991.

[Acarnley 02]   ACARNLEY P.
                  "Stepping motors: A guide to theory and practice", 4th Edition, IEE
                  Control Engineering, series 63, London, 2002.

[Ahmed 03]   AHMED H. B., MULTON B., CAVAREC P. E.
                  "Actionneurs linéaires directs et indirects. Performances limites",
                  Journal Club EEA, Université Cergy-Pontoise, 2003.

[Albert 04]   ALBERT L.
                  "Modélisation et optimisation des alternateurs à griffes. Application
                  au domaine automobile", Thèse de Doctorat, Institut National
                  Polytechnique de Grenoble, 2004.

[Alin 03]   ALIN F., ROBERT B., GOELDEL C.
                  "Vers le contrôle du chaos dans le moteur pas à pas", Congrès
                  EF'2003, Electrotechnique du Futur, Supélec, Paris, 2003.

[Alhassoun 05]   ALHASSOUN Y.
                  "Etude et mise en œuvre de machines à aimantation induite
                  fonctionnant à haute vitesse", Thèse de Doctorat, Institut National
                  Polytechnique de Toulouse, 2005.

[Allano 90]   ALLANO S.
                  "Petits moteurs électriques", Techniques de l'Ingénieur, Traité
                  Génie Electrique D3720, pp. 1-23, 1990.

[Azzoune 06]   AZZOUNE M., MAMMOU L.
                  "Caractérisation hydraulique du circuit de refroidissement primaire
                  du réacteur nucléaire de recherche « NUR » à 1MW. Calcul des
                  pertes de charge et optimisation du choix de la Pompe Primaire de
                  refroidissement ", 8^{éme} Séminaire International sur la Physique
                  Energétique, Centre Universitaire de Béchar-Algérie, pp.5-10, 11et
                  12 Novembre, 2006.

[Baker 99]   BAKER A. B., SANDERS J. E.
                  "Fluid mechanics analysis of a spring-loaded jet injector", IEEE
                  Transactions on Biomedical Engineering, vol. 26:2, pp. 235-242,
                  February 1999.

[Ben Ahmed 02]   BEN AHMED H., ANTUNES M., CAVAREC P. E., LUCIDARME
                  J., MULTON B., PRÉVOND L., SALAMAND B.
                  "Généralités sur les actionneurs linéaires", SATIE ENS Cachan,
                  2002.

[Bendjedia 07]   BENDJEDIA M.
                  "Synthèse d'algorithmes de commande sans capteurs de moteurs pas
                  à pas et implantation sur architecture", Thèse de Doctorat,
                  Université Franche-Comté, 2007.

[Ben Saad 05]   BEN SAAD K.
                  "Modélisation et commande d'un moteur pas à pas tubulaire à
                  réluctance variable et à quatre phases. Approches conventionnelles,
                  par logique floue, et par réseaux de neurones artificiels", Thèse de
                  Doctorat, Ecole Nationale d'Ingénieurs de Tunis, Ecole Centrale de
                  Lille, 2005.

[Berney 97]   BERNEY J. C.
                  "Piston de seringue avec transmission linéaire", Brevet
                  Médical, 1997.

[Bertin 99]   BERTIN Y.
                  "Refroidissement des machines électriques tournantes", Techniques
                  de l'Ingénieur, Traité de Génie électrique, D 3460, 1999.

[Bertotti 88]   BERTOTTI G.
                  "General properties of power losses in soft ferromagnetic materials",
                  IEEE Trans. on Magnetic, vol. 24, n°1, pp 621-630, 1988.

[Binns 92]   BINNS K. J., LAWRENSON P. J., TOWBRIDGE C. W.
                  "The analytical and numerical solution of electrical and magnetic
                  fields", Edition British Library Cataloguing in Publication Data,
                  England, 1992.

[Bolopion 84]   BOLOPION A.
                  "Etude critique de modèles du moteur linéaire à induction", Thèse
                  de Docteur d'Etat es-Sciences, Université Scientifique et Médicale
                  de Grenoble, 1984.

[Cao 08]   CAO D., WANG X., CUI C., YANG G.
                  "Integrated design modeling of miniature syringe for drug delivery",
                  Proceedings of the 3rd IEEE International Conference on Nano /
                  Micro Engineered and Molecular Systems, Sanya, pp 742-746,

January 6-9, 2008.

[Cazlaa 94]   CAZLAA J. B., FOUGERE S., BARRIER G.
                     "Les appareils électriques de perfusion", Annales français
                     d'anesthésie de réanimation, vol.13, 350–359,1994.

[Chen 00]   CHEN X. B., SCHOENAU G., ZHANG W. J.
                     "Modeling of time-pressure fluid dispensing process", IEEE
                     Transactions Electronics Packaging Manufacturing, vol. 23,
                     pp.300–305, October 2000.

[Chen 02]   CHEN X. B.
                     "Modeling and off-line control of fluid dispensing for electronics
                     packaging", Thèse de Doctorat, Université de Saskatchewan,
                     Saskatoon, SK, Canada, 2002.

[Chevailler 06]   CHEVAILLER S.
                     "Comparative study and selection criteria of linear motors", Thèse
                     de Doctorat, Federal Polytechnic School of Lausanne, July 2006.

[Couderchon 94]   COUDERCHON G.
                     "Alliages fer et fer cobalt : Propriétés magnétiques". Traité Génie
                     Electrique. D2130, 1994.

[Couderchon 94 b]   COUDERCHON G.
                     "Alliages magnétiques doux", Technique de l'Ingénieur, Traité
                     Matériaux métalliques M350, pp. 1-34, 1994.

[Couderchon 96]   COUDERCHON G., PORTESIL J. L.
                     "Les Alliages de fer et de nickel, ch. 1. Quelques propriétés des
                     alliages FeNi riches en nickel", Lavoisier Tec. et Doc., 1996.

[Cyr 07]   CYR C.
                     "Modélisation et caractérisation des matériaux magnétiques
                     composites doux utilisés dans les machines électriques", Thèse de
                     Doctorat, Faculté des Etudes Supérieures de l'Université de Laval
                     Québec, 2007.

[Diebold 90]   DIEBOLD S., GRANJON J., GUILLEMIN F.
                     "Utilisation de moteurs pas à pas pour le positionnement
                     incrémental d'un capteur optique mobile dans une cellule de mesure
                     de paramètres optiques de fluides biologiques", 6ème Colloque sur
                     Les Moteurs Pas à Pas, Lausanne, pp.113-120.

[Duhayon 02]   DUHAYON E., HENAUX C., ALHASSOUN Y., NOGAREDE B.
                     "Design of a high speed switched reluctance generator for aircraft
                     applications ", 15th ICEM 2002, Bruge.

[El Amraoui 01]   EL AMRAOUI L., GILLON F., BROCHET P., BENREJEB M.

	"Design of a linear tubular step motor", Electromotion'01, 4th International Symposium on Advanced Electromechanical Motion Systems, vol. 1, Bologna 2001.
[El Amraoui 02 a]	EL AMRAOUI L.
	"Conception électromagnétique d'une gamme d'actionneurs linéaires tubulaires à réluctance variable ", Thèse de Doctorat, Ecole Centrale de Lille, Ecole Nationale d'Ingénieurs de Tunis 2002.
[El Amraoui 02 b]	EL AMRAOUI L., GILLON F., BROCHET P., BENREJEB M.
	"Influence du taux de distorsion du maillage sur le calcul de force d'un vérin électrique", Deuxième Conférence Internationale JTEA'02, pp.194-201, Sousse 2002.
[El Amraoui 02 c]	EL AMRAOUI L., GILLON F., BROCHET P., BENREJEB M.
	"Performance estimation of linear tubular actuators", the 17th International Conference on Magnetically Levitated Systems and Linear Drives, LDIA, Lausanne 2002.
[El Amraoui 02 d]	EL AMRAOUI L., GILLON F., VIVIER S., BROCHET P., BENREJEB M.
	"Exploitation de la méthode des éléments finis pour un positionnement en micropas d'un moteur pas à pas linéaire tubulaire", CIFA'2002, Conférence Internationale Francophone d'Automatique, Nantes 2002.
[El Amraoui 02 e]	EL AMRAOUI L., GILLON F., CASTELAIN A., BROCHET P., BENREJEB M.
	"Exprimental validation of a linear tubular actuator design", 15th International Conference on Electrical Machines ICEM02, Bruges, 2002.
[El Amraoui 02 f]	EL AMRAOUI L., GILLON F., BROCHET P., BENREJEB M
	"Méthodes de calcul par éléments finis de la force de poussée dans un vérin électrique", Deuxièmes Journées Scientifiques des Jeunes Chercheurs en Génie Electrique et Informatique, Hammamet 2002.
[Espanet 99]	ESPANET C.
	"Modélisation et conception optimale de moteurs sans balais à structure inversée. Application au moteur-roue", Thèse de Doctorat, Université de Franche-Comté, 1999.
[Faisandier 99]	FAISANDIER J.
	"Mécanismes hydrauliques et pneumatiques", Edition Dunod, Paris, 1999.
[Faroux 99]	FAROUX J.P., RENAULT J.
	"Mécaniques des fluides et ondes mécaniques", Edition Dunod, Paris, 1999, 2ème Années PC.

[Fasquelle 07]   FASQUELLE A.
"Contribution à la modélisation multi-physiques : électro-vibro-acoustique et aérothermique de machines de traction", Thèse de Doctorat en Génie Electrique, Ecole Centrale de Lille, Novembre 2007.

[Favre 00]   FAVRE E., BRUNNER C., PIAGET D.
"Principe et application des moteurs linéaires", Revue J'Automatise, n°9, pp. 48-56, Mars-Avril 2000.

[Faucher 81]   FAUCHER J.
"Contribution à l'étude des machines à reluctance variable à commutation électronique", Thèse de Doctorat, Institut National Polytechnique de Toulouse, 1981.

[Gieras 04]   GIERAS J. F.
"Status of the linear motors in the United States", 4th International Symposium on Linear Drives for Industry Application, LDIA 2004, Birmingham.

[Gillon 96]   GILLON F., BROCHET P.
"Taking into account some three dimensional effects in the modeling of a brushless permanent-magnet motor", ElectrIMACS, September 1996.

[Giround 01]   GIROUND J.
"Applications des matériaux magnétiques durs ou doux : domaines, processus d'aimantation, conséquences pratiques", MPA 2001.

[Grellet 97]   GRELLET G., CLERC G.
"Actionneurs électriques, Principe / Modèles / Commande", Edition Eyrolles, Paris, 1997.

[Grenier 01]   GRENIER D., LABRIQUE F., BUYSE H., MATAGNE E.
"Electromécanique - Convertisseurs d'énergie et actionneurs", Edition Dunod, Paris 2001.

[Grenier 08]   Grenier I.
"Fluids visqueux", Cours PCEM 1 Physique Université Paris7, 2008.

[Goeldel 84]   GOELDEL C.
"Contribution à la modélisation, à l'alimentation et à la commande des moteurs pas à pas ", Thèse de Doctorat, ès-Sciences, INP de Lorraine, 1984.

[Hoang 95]   HOANG E.

"Etude, modélisation et mesure des pertes magnétiques dans les moteurs à réluctance variable à double saillances", Thèse de Doctorat, ENS Cachan, 1995.

[Hu 02]   HU G.
"Analysis of eddy currents in a permanent magnet tubular slotless motor housing du to motion", 15th International Conference on Electrical Machines, ICEM, Bruges 2002.

[Jacquin 74]   JACQUIN J.
"Les moteurs pas à pas", Editions Dunod, Paris, 1974.

[Jinupun 03]   JINUPUN P., LUK P.C.
"Direct work control for linear switched reluctance motor drive", 4th International Symposium on Linear Drives for Industry Application, LDIA 2003, Birmingham, pp. 387-390.

[Joaquim 04]   JOAQUIM C.
"Gestion des voies veineuses", Journées d'Anesthésie-Réanimation Chirurgicale d'Aquitaine, 2004.

[Jufer 95]   JUFER M.
"Electromécanique", Presses Polytechniques et Universitaires Romandes, Lausanne 1995.

[Kahwati 01]   KAHWATI C.
"Cas concrets corrigés : calculs de dose", Edition Lamarre, Paris, 2001.

[Kant 89]   KANT M.
"Les actionneurs électriques pas à pas", Edition Hermès, Paris, 1989.

[Kauffman 92]   KAUFFMAN J. M.
"Les petits moteurs–evolution et perspectives", 7th International Conference on the Stepping Motor, Nancy, 1992, pp 1-12.

[Khidiri 86]   KHIDIRI J.
"Alimentation et commande d'un actionneur linéaire triphasé à flux transversal", Thèse de Doctorat, Université Scientifique et de Technologie de Lille, Flandre-Artois, 1986.

[Kurtz 95]   KURTZ W., MERCIER J. P., ZAMBELLI G.
"Introduction à la science des matériaux", Traité des Matériaux, 2ème Edition, Presse Polytechniques Romandes, 1995.

[Loriferne 90 a]   LORIFERNE J. F, SAADA M., BONNET F.
"Abords veineux centraux-Techniques en réanimation", Edition Masson, 1990.

[Loriferne 90 b]   LORIFERNE J. F, SAADA M., BONNET F.
"Les voies veineuses périphériques-Techniques en réanimation", Edition Masson, 1990.

[Makni 06]   MAKNI Z.
"Contribution au développement d'un outil d'Analyse multi-physiques pour la conception et l'optimisation d'actionneurs électromagnétiques", Thèse de Doctorat, Université Paris-Sud XI, 2006.

[Marroco 90]   MARROCO A., HECHT F.
"A finite element simulation of an alternator connected to a non-linear external circuit", IEEE Transactions on Magnetics, March 1990.

[Mayé 00]   MAYÉ P.
"Moteurs électriques pour la robotique", Electrotechnique, Edition Dunod, Paris, 2000.

[Mester 05]   MESTER V.
"Conception optimale systémique des composants des chaines de traction électrique", Thèse de Doctorat, L2EP Ecole Centrale de Lille, 2007.

[Mester 06]   MESTER V., GILLON F., BRISSET S., BROCHET P.
"Global optimal design of a wheel traction motor by a systemic approach of the electric drive train", IEEE Transactions Electronics Packaging Manufacturing, 2006.

[Merzaghi 07]   MERZAGHI S., STEFANINI I., M ARKOVIC M., PERRIARD Y.
"Optimization of biomedical actuator for implantable continuous glucose monitoring", IEEE Transactions Electronics Packaging Manufacturing, vol. 23, 869–874, 2007.

[Meunier 88]   MEUNIER G., SHEN D., COULOMB J.L
"Modelization of 2D Axisymmetric magnetodynamic domain by the finite element method", IEEE Transactions on Magnetics, vol. 24, n°1, January 1988.

[Missaoui 06]   MISSAOUI W., EL AMRAOUI L., BENREJEB M., GILLON F., BROCHET P.
"Performance comparison of three and four-phase linear tubular stepping motors", 17th International Conference on Electrical Machines, ICEM 2006.

[Multon 08]   MULTON B.
"Moteurs pas à pas. Structures électromagnétiques et alimentations"

Notes de cours, Agrégation Génie Électrique, Satie E.N.S. de Cachan, 2008.

[Multon 93] MULTON B.
"Les machines synchrones autopilotées ", Préparation à l'Agrégation de Génie Electrique, E.N.S. de Cachan, pp 5, 1993-2004.

[Nathan 92] NATHAN I., JOAO P. A. B.
"Electromagnetics and Calculation of Fields", Springer-Verlag, New York 1992.

[Nicoud 95] NICOUD J. D.
"Robots mobiles miniatures", Techniques de l'Ingénieur, Traité Informatique Industrielle, R7760,
pp. 1-12, 1995.

[Nollet 06] NOLLET F.
"Lois de commande par modes glissants du moteur pas à pas", Thèse de Doctorat, Ecole Centrale de Lille et Université des Sciences et Technologies de Lille, 2006

[Polinder 02] POLINDER H., SLOOTWEG J. G., COMPTER J. C., HOEIJIMAKERS M. J.
"Modelling a linear PM motor including magnetic saturations", Conférence Power Electronics, Machines and Drives, 16-18 Avril 2002.

[Remy 07] REMY G.
"Commande optimisée d'un actionneur linéaire pour un axe de positionnement rapide", Thèse de Doctorat, Ecole Nationale Supérieure d'Arts et Métiers - ParisTech, Décembre 2007.

[Reece 00] REECE A. B. J., PRESTON T. W.
"Finite Element Method in Electrical Power Engineering", Edition Oxford University, Press 2000.

[Régnier 03] REGNIER J.
"Conception de systèmes hétérogènes en génie électrique par optimisation évolutionnaire multicritère", Thèse de Doctorat, Institut National Polytechnique de Toulouse, 2003.

[Rice 02] RICE A. S. C., BEAULIEU P.
"Pharmacologie des dérivés cannabinoïdes : applications au traitement de la douleur ", Annales Françaises d'Anesthésie Réanimation, pp 493-508, 2002.

[Saadaoui 07] SAADAOUI R., EL AMRAOUI OUNI L., BENREJEB M.

"Sur la modélisation d'un actionneur linéaire incrémental pour la motorisation d'un pousse seringue", 2èmes Journées des Technologies Médicales, JTM'2007, Tunis, 3-5 Mai 2007.

[Sahraoui 93]   SAHRAOUI H., BOUCHERIT M. S., ZEBROWSKIL L.
" Etude de l'influence du type d'alimentation sur le comportement dynamique d'un moteur pas à pas à réluctance variable", Proceedings of the Maghrebian Conference on Automatics and Industrial Electronics, pp.258-267, Algeria 1993.

[Saidi 08]   SAIDI I., EL AMRAOUI L., BENREJEB M.
"Etude de l'influence de la caractéristique de force de poussée sur la réponse dynamique d'un actionneur linéaire incrémental" 5^{éme} Conférence Internationale JTEA 2008, Hammamet, Mai 2008.

[Saidi 10 a]   SAIDI I., EL AMRAOUI L., BENREJEB M.
"Static performance amelioration of a linear tubular step actuator with consideration of magnetic saturations and end effects" 11^{éme} Conférence Internationale STA 2010, Monastir, Décembre 2010.

[Saidi 10 b]   SAIDI I., EL AMRAOUI L., BENREJEB M.
"Multi-physics modeling of a linear tubular step actuator", International Review of Modeling and simulations, IREMOS, accepté, à paraître. Decembre 2010.

[Saidi 10 c]   SAIDI I., EL AMRAOUI L., BENREJEB M.
"Modélisation Multi-physiques d'un actionneur linéaire incrémental pour la motorisation d'un pousse-seringue", Sciences et Technologies de l'Automatique, e-STA, accepté, à paraître.

[Saidi 10 d]   SAIDI I., EL AMRAOUI L., BENREJEB M.
"Electrical syringe pump design using a linear tubular step actuator", International Journal on Sciences and Techniques of Automatic control & computer engineering, IJ-STA, vol 5, n°1, 2011.

[Sakamoto 03]   SAKAMOTO M.
"PM type 3 phases stepping motors and their development to the linear stepping motors", 4th International Symposium on Linear Drives for Industry Application, LDIA 2003, September, Birmingham, pp. 435-438.

[Scherpereel 91] SCHERPEREEL P.
"Le diabète est-il un facteur de risque à l'opération", Congrès National d'Anesthésie Réanimation, Edition Masson, Paris 1991.

[Schmidt-Nielsen 98] SCHMIDT-NIELSEN. K
"Physiologie animale; adaptation et milieux de vie", Edition Dunod,

1998.

[Smart 00]   SMART L., MOORE E.
                    "Introduction à la chimie du solide", $2^{\text{ème}}$ Edition, Edition Masson,
                    2000.

[Young 04]   LEE J. Y., HONG J. P., KANG D. H.

                    "Thrust calculation of transverse flux linear motor considering end
                    effect of mover", 16th International Conference on Electrical
                    Machines, ICEM, Cracow 2004.

[Warzée 04]   WARZEE G.
                    "Mécanique des solides et des fluides cinématiques et dynamique
                    des fluides visqueux", Conférence, Faculté des Sciences Appliquées
                    de Bruxelles, 2004.

[Wendell 06]   WENDELL D. M., HEMOND B. D., CATHY HOGAN N.,
                    TABERNER A. J., HUNTER I. W.
                    "The effect of jet parameters on jet injection", Proceedings of the
                    28th Annual International Conference of the IEEE EMBS, New York
                    City, pp. 5005-5008, 2006.

www.ingramcontent.com/pod-product-compliance
Lightning Source LLC
Chambersburg PA
CBHW021101210326
41598CB00016B/1283